해부학 교실에
오신 걸
환영합니다

해부학 교실에
오신 걸
환영합니다

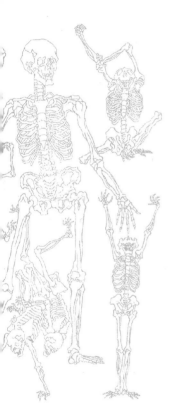

일본 최고의 지성이
안내하는
해부의 역사와
인간의 존재

요로 다케시 지음
박성민 옮김

궁리
KungRee

차
례

1장

해부를 시작하다

첫 해부의
경험

"왜 해부 같은 걸 시작했어요?"

내게 이렇게 묻는 사람이 많다. 대답하기에 가장 곤란한 질문이기도 하다.

"재미있으니까요."

이렇게 답하면 이어지는 질문은 뻔하다.

"뭐가 재미있다는 거예요?"

사람 몸을 해부하는 일은 보통은 의사가 되려는 사람만 한다. 그런 의미에서 보면 왜 평범한 의사가 되지 않았나 하는 질문으로 들리기도 한다. 다시 말하면 힘들게 의과대학을 졸업했는데, 내과나 외과 같은 데를 선택하지 않고 어째서 해부학 같은 이상한 분야를 전공했는가, 그런 질문이기도 하다.

물론 나는 의사면허증을 가지고 있다. 하지만 그것을 사용한 적은 거의 없다. 상식적으로 생각하면 대단한 낭비이다. 환자나 그 가족의 입장에서 보면 의사만큼 고마운 존재가 없다. 자신이 병에 걸렸거나 가족이 갑자기 아파서 의사를 찾아간 적이 있다면 그 고마움이 얼마나 큰지 잘 알 것이다.

그런 의사에 비하면 해부학자 같은 사람에게 특별히 고마운 감정이 들 일은 없을 것이다.

"혹시 아드님이 죽으면 해부하게 해주실 수 있겠습니까?"

병으로 죽어가는 아이 곁에 있는 부모에게 그런 말을 했다가는 내가 죽을 수도 있다.

"제가 댁의 아버님을 해부한 사람입니다."

이런 말을 한다고 감사를 표하는 사람도 없다. 뭐라고 답해야 할지 몰라 난처해할 뿐이다.

그렇게 생각하면 "왜 해부 같은 걸 시작했어요?"라는 질문은 충분히 의미가 있다.

"왜 굳이 해부 같은 잔인한 일을 하려고 하셨어요?"

"살아 있는 환자를 진료하는 일이 세상을 위해 더 도움이 된다고 생각하지 않으세요?"

해부라는 것이 처음 시작되었을 때부터 전 세계 어디에서나 했던 질문들이다. 그렇다면 왜 해부라는 행위를 할까? 인간 사회에서 해부가 시작된 계기는 무엇일까?

모든 것이 그렇지만 '시작'에 대해 설명하려면 이야기가 한참 길어

해부학 교실에 오신 걸 환영합니다

지게 마련이다. 우리가 사는 세상에는 그런 예가 많다. 성경은 '태초에 이 세상의 시작은……'이라는 말로 시작된다. 그렇다고 해부의 시작이 세상의 시작이라고 말할 만큼 거창하지는 않다. '그래서 이 세계는 하느님이 만드셨다'고 성경이 딱 잘라 말하듯 간단히 정리되는 이야기도 아니다. 해부든 다른 무엇이든 한마디로 잘라 말하기야 쉽겠지만, 그것을 제대로 안다는 것은 결코 간단하지 않다.

나의
첫 해부

　무슨 일에든 '처음'이 있다. 나 역시 처음으로 해부했을 때를 또렷이 기억한다. 도쿄대학 의학부 1학년, 일반 대학생이라면 대학교 3학년이었을 때다. 입학하고 2년 동안은 교양 과정을 배웠기 때문에 의학을 전문적으로 공부하지는 않았다. 수학이나 이과, 어학만 공부했다. 지금은 조금 바뀌어서 더 빨리 전문 과정을 시작하는 대학도 있다.

　어쨌든 고마바에 있는 도쿄대학 교양학부에서 혼고에 있는 의학부로 옮기고서 가장 먼저 공부한 것이 해부학이다. 여름방학이 끝나고 가을이 시작되자 해부 실습이 시작되었다. 살면서 개구리를 해부해본 것이 전부였다. 인간의 해부란 어떤 것일까? 상상만으로도 긴장되었다. 그래서 처음 실습실에 들어갔을 때 본 광경이 지금도 생생히 떠오

　해부학 교실에 오신 걸 환영합니다

른다.

넓은 방이었다. 학생 90명이 모인 실습실에는 2명당 사체가 하나씩 마련되어 있었다. 즉 마흔다섯의 인체가 실습용으로 마련되어 있었다. 그리고 따로 대학원생이 해부를 공부하고 있었다. 그것까지 합하면 몇 구 더 늘어나는 셈이다. 그 마흔다섯 구의 사체가 방에 나란히 눕혀 있었다. 참으로 장관이었다. 죽은 사람이 정해진 수대로 나열된 방. 그 장면을 보면 누구나 놀라지 않을까.

사체 하나하나는 흰색의 커다란 천으로 단단히 감싸여 있고, 전체가 다시 비닐로 덮여 있었다. 사체가 건조해지지 않게 하기 위해서다. 그래서 아직 인간의 모습은 보이지 않았다. 비닐을 벗기고 흰색 천을 풀자 인간의 일부가 보였다. 사체와 대면한 최초의 순간이었다.

흰색 천 밑에서 모습을 드러낸 사체는 할아버지였다. 물론 내 할아버지는 아니다. 나이 든 남자다. 이 사람의 몸에는 한 가지 특징이 있었다. 어깨 부분이 보통 사람보다 솟아올라 있었다. 우리가 흔히 어깨가 결릴 때 문지르는 바로 그 부분이다.

실습이 시작되고 며칠이 지난 다음 나는 그 부분을 해부했다. 메스를 갖다 대니 아주 딱딱했다. 본래 쉽게 딱딱해지는 부분이 아니다. 그런데 양쪽 어깨 모두 굉장히 딱딱했다. 그 이유를 바로 알아차렸다. 지금의 젊은 사람은 잘 모르겠지만, 이 사람은 생전에 어깨에 멜대를 지었던 것이다.

멜대가 뭐지? 나무 막대 양 끝에 짐을 달고 어깨에 메는 도구다. 수세식 화장실이 보급되기 전에는 밭 비료로 거의 인분을 썼다. 변소에

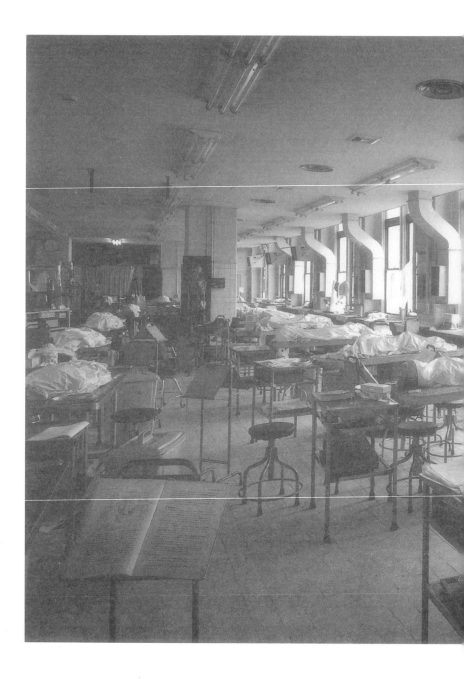

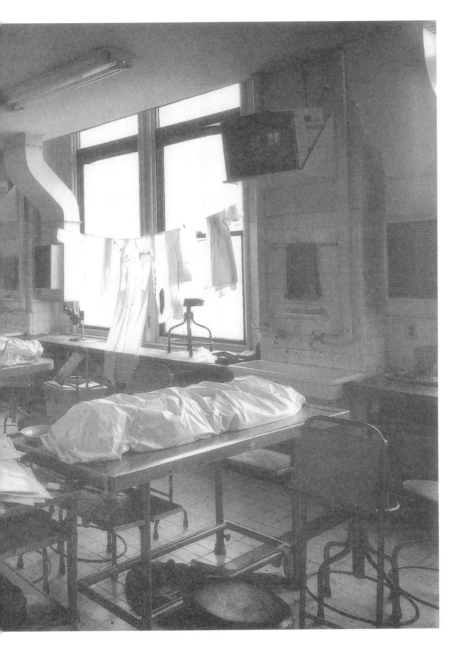

도쿄대학 의학부 해부 실습실. (사진: 호소에
에이코, 1992년)

서 분뇨를 퍼서 통에 담아 멜대로 지고 가 짐차에 싣는다.

수세식 화장실의 보급으로 사람들은 이제 자신이 분뇨를 배설하는 존재라는 것을 잊었나 보다. 이런 이야기를 하면 "에이, 더럽게" 하면서 얼굴을 찌푸린다. 냄새도 나지 않는데 악취를 맡은 표정이다. 더럽거나 말거나 애초에 사람이 내놓은 게 아닌가. 더러워서 싫다면 자신도 분뇨 배출을 안 하면 된다. 그러지도 못하면서 "아유, 더러워, 더러워" 하며 요란을 떤다. 인간은 그렇게 제멋대로다.

어쨌든 이 할아버지는 그런 노동을 한 사람이란 것을 알았다. 물론 몸에서 알 수 있는 사실은 그것만이 아니다. 어떤 병으로 죽었는지, 그 병 때문에 몸 어디가 나빠졌는지, 조사하면 알 수 있다. 하지만 학생 때 배우는 해부의 목적은 다르다.

'인간의 몸은 어떻게 생겼는가.'

학생들은 그것을 알기 위해 해부한다. 인간이라면 몸의 내부가 이러이러하다는 사실을 공부하는 것이 해부의 목적이다. 이 사람의 몸은 어디가 다른가, 그것을 조사하는 것이 목적이 아니다.

옆 테이블의 사체는 아직 젊다. 목에 밧줄로 맨 흔적이 있었다. 자살일까 아니면 사형일까. 알 수 없다. 물론 타살은 아니다. 나중에 설명하겠지만 그것은 법의해부(法醫解剖) 역할이다. 목이 졸려 죽은 것은 맞지만 그 이상은 알 수 없다. 알 필요가 없다. 안다고 해도 해부와는 직접적 관련이 없다. 그 사람만의 특별한 사정이다. 해부학에서는 다루지 않는다.

여기서 한 가지 오해가 없었으면 한다. 이 사람은 몸 어디가 안 좋았던 것일까? 그래서 무슨 일이 생겼으며, 어쩌다가 죽게 되었을까? 그런 것을 조사하는 학문은 병리해부(病理解剖)다. 병리해부는 실습 해부와 목적이 다르다. 그래서 정확히는 해부 방식도 꽤 다르다.

그리고 또 다른 종류의 해부가 있는데, 사법해부, 행정해부이다. 이 둘을 합쳐 법의해부라 한다. 법의학이라는 분야에 속하기 때문이다. 사인이 불분명한 경우, 범죄의 의심이 있는 경우에 실행된다. 이것도 해부의 목적이 완전히 다르다. 사인을 탐구한다는 의미에서는 오히려 병리해부에 가깝다.

'인간의 몸은 어떻게 생겼는가.'

이를 알기 위해 해부하는 것을 계통해부(系統解剖)라고 한다. 이것 이 학생들이 실습하는 해부다. 병리해부와 법의해부는 계통해부에 비 해 목적이 확실한 전문적 해부다. 이렇게 해부가 세 가지로 구분된다 는 사실을 대부분의 사람들은 알지 못한다.

계통 해부란
무엇인가?

물론 해부를 하려면 교과서가 필요하다. 이 교과서를 실습서라고 부른다. 학생들은 실습서에 나온 정해진 순서대로 해부한다. 자기가 하고 싶은 대로 해부를 진행하는 것이 아니다. 왜 그래야 할까?

계통해부는 인간의 몸을 알기 위해 하는 해부이다. 인체는 참으로 다양한 구조로 만들어져 있다. 뼈만 해도 200개 정도 있고 근육은 600여 개가 있다. 이름이 붙은 신경이나 혈관도 그 정도는 충분히 된다. 그런 것들을 하나하나 정성 들여 살펴본다. 그것이 계통해부다.

그 구조를 하나하나 보려면 일단 망가뜨려서는 안 된다. 그러면 망가뜨리지 않고 보려면 구체적으로 어떻게 해야 할까? 표면부터 해부해가는 것이다. 그래서 피부부터 벗긴다.

예를 들어 위(胃)를 보자. 위는 배 속에 있다. 그것을 무작정 보려고

해부학 교실에 오신 걸 환영합니다

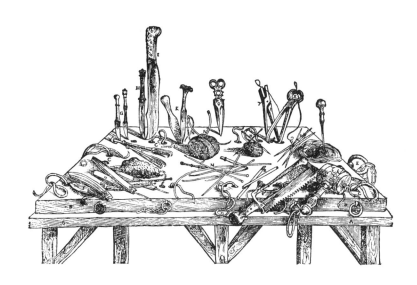

목공 도구가 아니라 해부용 도구다. 안드레아
스 베살리우스(Andreas Vesalius, 6장 참고)
의 저서 『인체의 구조에 관하여』(De Humani
Corporis Fabrica, 1543)에 실린 그림이다.
이 무렵에는 아직 해부가 일반적이지 않았으
므로 전용 도구는 아닐 것이다. 그럼 역시 목
공 도구인가?

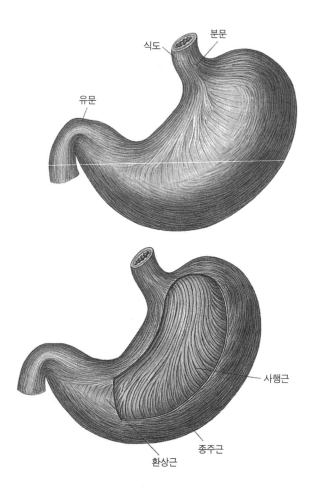

식도　분문

유문

사행근

종주근

환상근

위의 형태와 위벽을 만드는 근육이 뻗어 있
는 모습을 나타냈다. 위벽에 있는 힘줄은 횡
문근이 아니라 3층의 평활근으로 이루어져
있다.

한다면 배의 벽을 가를 수밖에 없다. 배의 벽을 가르면, 그 벽이 망가진다. 그런데 '배의 벽'을 구성하고 있는 것은 근육이며, 그 근육의 끝이 퍼져 강한 막으로 된 것이 근막이며, 또 그 근육에는 혈관이나 신경이 파고들어 있다. 위를 보겠다고 무턱대고 칼을 대면 그런 구조가 메스로 잘려버린다.

위 자체도 마찬가지다. '위'라는 말이 있는 이상, '위'가 주변에 있는 것과 확실한 경계를 이루면서 그 자리에 존재한다고 생각하는 사람이 많을 것이다. 그런데 그렇지는 않다. 예를 들면 식도는 위의 윗부분과 이어져 있다. 그러면 위와 식도의 경계를 바깥에서 어떻게 구별할 수 있을까? 또 위의 아랫부분은 십이지장으로 연결된다. 마찬가지로 이 둘의 경계도 어떻게 정해야 한다는 말일까?

이제는 이해할 수 있을 것이다. 위를 볼 때는 주변과의 연결을 포함하여 위 전체를 충분히 관찰해야 한다. 그러기 위해서는 위만 봐서는 안 된다. 물론 위에만 해당하는 말이 아니다. 무엇이든 제대로 관찰하기 위해서는 다르지 않다.

먼저 표면의 피부를 벗긴다. 그러면 피부에 있는 혈관과 신경이 보인다. 그렇게 얕은 곳에 있는 구조부터 관찰해나간다. 관찰이 끝나면 제거해도 좋다. 좋다기보다는 제거하지 않으면 다음 과정으로 나아갈 수 없기 때문이다.

다음은 피부 아래, 즉 '얕은 곳'에 위치한 근육을 본다. 그 근육에는 보통 뒤쪽에서 신경과 혈관이 들어온다. 그래서 먼저 근육의 표면을 꺼내서 전체 형태와 범위를 확인한다. 그러고 나서 근육을 자르지 않

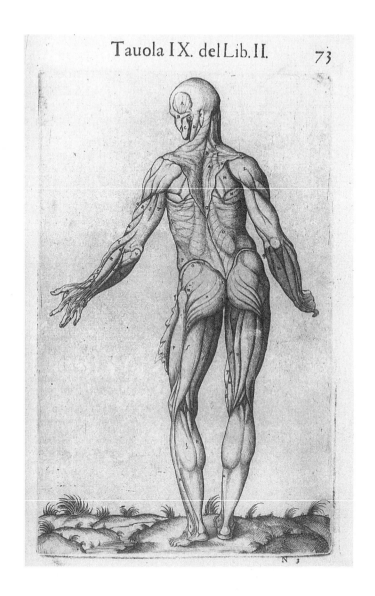

근육을 나타낸 해부도. 후안 발베르데(Juan Valverde de Amusco)의 책에 나온 그림이다. 베살리우스가 살던 무렵의 해부도는 종종 사체가 살아 있는 자세를 취하고 있다. 또 배경 그림이 조금씩 그려져 있는 경우가 많다. 위 그림은 표층의 근육계를 나타낸다.

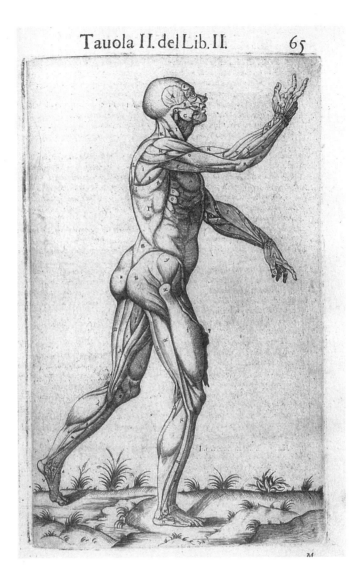

전박 해부로 이동하여,
먼저 손바닥에서 피하 혈관과
신경을 무턱대고 잘라내지 않고
적당히 한쪽으로 밀어놓은 다음,
근막을 벗기고 아래팔 굴근의
표면과 근막 아래에 있는 혈관과
신경 주변의 결합조직을 제거한다.
상박 이두근 건막은 그 자리에 남긴다.
내측 상과(上顆) 부근에서는
근막에서 힘줄이 올라와 근막을
벗기기 힘들므로 조심스럽게
밑에서 위를 향해 벗긴다.

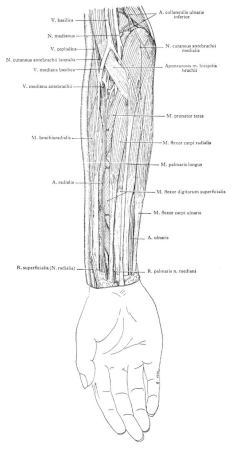

V. basilica
N. medianus
V. cephalica
N. cutaneus antebrachii lateralis
V. mediana basilica
V. mediana antebrachii
M. brachioradialis
A. radialis
R. superficialis (N. radialis)

A. collateralis ulnaris inferior
N. cutaneus antebrachii medialis
Aponeurosis m. bicipitis brachii
M. pronator teres
M. flexor carpi radialis
M. palmaris longus
M. flexor digitorum superficialis
M. flexor carpi ulnaris
A. ulnaris
R. palmaris n. mediani

실습을 위한 해부 도감. 우라 요시하루(浦良
治) 교수의 책에 따른 것이다. 학생들은 이런
책에 나온 방법을 따라 해부를 실습한다.

고 들어올려 뒤쪽을 본다. 그렇게 하면 근육 속에 있는 신경과 혈관이 보이는데, 그것을 관찰한다. 그다음에는 더 깊은 위치에 있는 근육을 관찰할 수 있다. 이렇게 해서, 예를 들어 배의 벽을 만드는 근육을 다 관찰하고 나면, 이번에는 배 속으로 들어가 위나 다른 곳을 보는 순서로 이어진다.

  구조 하나하나를 될 수 있는 한 망가뜨리지 않고 해부하고 관찰한다. 그러기 위해서 해부의 순서가 자연스럽게 정해진다. 그것이 교과서, 즉 실습서에 나온 해부 방법이다. 학생들은 그에 따라 해부한다. 그 방법을 따르면 하루의 절반을 실습 1회로 했을 때 약 60회로 전신 해부를 대략 마무리 지을 수 있다. 다시 말해 거의 두 달 동안 날마다 해부 실습을 해야 한다는 말이다. 실제로 우리는 그렇게 했다.

해부용 몸은
왜 썩지 않을까?

그렇다면 두 달 동안 같은 사체를 해부한다는 말일까? 그러면 사체가 썩지는 않을까?

옛날에 해부할 때는 그랬다. 사체가 썩기 때문에 그렇게 천천히 해부하고 있을 여유가 없었다. 르네상스 시대의 천재 레오나르도 다 빈치는 열네 구 정도의 사체를 해부했다고 한다. 물론 그 시대에는 방부 처리가 없었다. 해부한다고 해도 금방 끝내야 했다. 이상하게 여겨질지도 모르지만 그때의 화가나 조각가에게 해부는 거의 필수였다. 미켈란젤로도 해부하도록 강요당했지만, 사체는 냄새가 난다고 싫다며 도망갔다고 한다. 지금도 병리해부에서는 방부 처리를 하지 않는다. 사체를 있는 그대로 다룬다. 그래서 병리해부는 길어도 몇 시간 만에 끝난다.

해부학 교실에 오신 걸 환영합니다

해부 실습 진행표

(1993년도 도쿄대학 의학부 육안 해부 실습 진행표에 따라 작성)

횟수	내용	횟수	내용
1	목 · 가슴 · 배의 체표 관찰 · 피부 벗기기, 광경근, 유선	25	복막후기관, 비장
2	경흉복부의 피정맥 · 피신경 · 표층근	26	후복벽, 횡격막, 요신경총
3	등 피부 벗기기 · 표층근	27	하지 표층, 대둔근
4	경부심층, 흉부심층, 겨드랑이	28	대퇴부 심층, 둔부 심층
5	쇄골하동정맥, 팔 피부 벗기기, 겨드랑이 신경총, 쇄골 자르기	29	슬와(膝窩), 하퇴, 발등, 발바닥
6	상박굴근의 근육 · 신경, 견갑골의 근육	30	하퇴 심층, 무릎과 발 관절
7	상박신근, 견갑골 뒷면, 상지절단	31	방광, 외음부
8	전박굴근 표층	32	회음, 골반 절반으로 자르기
9	전박신근, 손등	33	골반 내장, 혈관 · 신경
10	손바닥 피부 벗기기 · 표층	34	골반 내장, 골반벽 근육, 고관절
11	손바닥 표층 · 심층	35	경부 심층, 경부 절단
12	상지혈관 · 신경, 어깨 관절	36	얼굴의 표층
13	팔꿈치 관절, 손목과 손가락 관절	37	후두, 갑상선, 기관
14	흉요근막, 고유배근, 목덜미 근육	38	인두
15	척추 열기, 척수	39	두개 내면
16	흉벽, 서혜부, 측복근	40	머리 절반으로 자르기, 구강, 비강, 인두비부
17	복직근, 복막, 배꼽	41	저작근, 하경관
18	복부 내장, 흉강 열기	42	턱관절, 측두하와, 혀, 구개
19	복막, 심막, 폐	43	부비강, 익구개신경절, 안구부
20	목 뿌리 부부의 심층, 종격	44	안와
21	심장	45	안구, 혀 밑 신경관, 경정맥공
22	종격심부, 내장, 복막강	46	바깥 귀, 가운데 귀
23	복강내장의 혈관 · 신경	47	속 귀
24	소장, 결장, 위, 간	48	익돌관, 경동맥관, 이신경절

※ 이런 순서로 해부가 진행되며 전부 2개월이 걸린다.

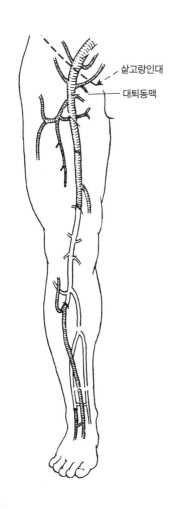

살고랑인대

대퇴동맥

대퇴동맥을 나타낸 그림이다. 이곳으로 포르
말린을 주입한다. 억지로 밀어 넣기 때문에
포르말린이 심장으로 역행한다. 그러면 심장
에서 다시 전신으로 흘러가게 된다.

지금은 계통해부용 사체는 미리 방부 처리를 해둔다. 방부 처리의 목적은 사체가 썩지 않게 하는 것만이 아니다. 사체가 지니고 있을지 모르는 세균이나 바이러스에 감염되는 것을 막는 효과도 있다. 이것은 19세기에 시작된 방법이다. 그러면 구체적으로 어떤 처리를 하면 사체가 썩지 않을까?

사망한 사람이 우리 교실에 와 있다. 그러면 우리는 먼저 대퇴동맥으로 포르말린을 주입한다. 대퇴동맥이란 허벅지 안쪽을 통하는 연필 두께만 한 동맥이다. 이곳을 통해 다리 전체에 혈액이 공급된다.

링거액이 흐르는 것을 본 적이 있는가? 그것과 같은 모습이다. 다만 링거에서는 액을 주입하는 혈관이 정맥이지만 이 경우는 동맥이다. 또 링거에 주입하는 액은 약이나 영양이 포함된 액체나 혈액이지만, 사체의 경우는 포르말린이 주입된다. 살아 있는 사람에게 포르말린을 주입하면 당연히 죽는다.

포르말린을 주입하면 어떤 현상이 생길까? 원래 포르말린은 상품명이다. 포름알데히드라는 화학 물질의 수용액이다. 다시 말해 포름알데히드가 40퍼센트 정도 포함된 물, 그것이 포르말린이라는 이름으로 팔리는 것이다. 실제로 주입할 때는 이 포르말린을 다시 10배 정도 희석해 사용한다. 포름알데히드 기준으로 약 4퍼센트의 수용액이 되는 셈이다.

생체를 포름알데히드에 담가두면 고정된다. 여기서 고정이라는 말은 살아 있는 세포나 조직에 포함된 단백질이 변성한다는 뜻이다. 변성이 어렵게 들릴지도 모르는데, 쉽게 말해 날달걀을 삶은 달걀로 만드는 것이 고정이다. 달걀을 고정할 때는 열처리를 하면 된다. 단백질은 열로도 변성한다. 변성한 단백질은 변성 전에 가지고 있던 움직임을 잃어버린다. 성질이 변하는 것이다.

달걀의 흰자가 날것일 때와 익혔을 때, 상태가 어떻게 다른지 다들 잘 알 것이다. 하지만 양쪽 모두 달걀의 흰자, 화학적으로는 알부민이라는 단백질이라는 것에는 변함이 없다. 하지만 이것이 고정되면 상태가 완전히 변한다. 이것을 삶는 대신 날달걀의 흰자를 포르말린에 담가도 삶은 흰자와 같은 상태로 변한다. 새하얗고 불투명한 상태로 변하는데, 말하자면 물이 얼음이 되는 것과 비슷한 변화라고 생각하면 된다.

이렇게 포르말린으로 고정된 인체는 부패 없이 오래 보존된다. 그런데 고정하면 어째서 오래 보존될까? 그것을 이해하려면 생물의 세포는 죽으면 스스로 파괴되는 성질을 가졌다는 것을 알아야 한다. 그런데 그런 성질을 가진 세포를 고정해놓으면 '스스로 파괴된다'는 일반적인 세포의 성질이 사라지고 만다. 세포가 스스로 파괴되지 않는다는 뜻이다. 그러니까 그 뒤에 우리가 해야 할 일은 개가 물어뜯지 않도록, 까마귀가 쪼지 않도록, 세균이 증식해 몸의 성분을 분해하지 않도록 막기만 하면 되는 것이다.

그러면 왜 세포는 죽으면 스스로 파괴될까? 이것을 이해하려면 세포가 무엇인지 좀 더 설명해야 하는데, 그것은 나중에 이야기하기로 하자. 지금은 일단 이 정도로 말해두면 될 것 같다. 살아 있는 동안은 세포도 역시 자신 안에 있는 것을 파괴해야 한다. 예를 들면 오래되어

해부학 교실에 오신 걸 환영합니다

더 이상 사용할 수 없게 된 단백, 또는 그 밖의 여러 분자나 세포 같은 것들을 파괴하기 위한 장치를 자신 안에 갖추고 있다. 그런데 세포가 죽으면, 그 장치가 무너져 자신을 파괴하기 시작한다. 그러니까 고정 해놓지 않으면, 부분에 따라 다르기도 하지만, 죽은 몸은 말하자면 스스로 '녹아'버리는 것이다.

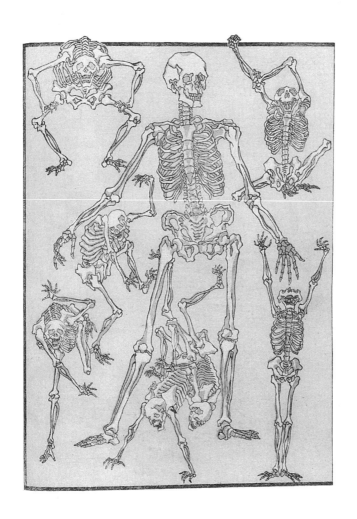

가와나베 교사이(河鍋曉斎, 1831~1889)가 그
린 해골 그림. 교사이는 에도 시대 말기부터
메이지 시대를 거쳐 활동한 화가다. 이런 식
의 독특한 그림을 그렸는데, 오히려 외국에서
더 유명하다. 어린 시절에, 강에서 잘린 사람
의 목을 주워 와서 그렸다는 이야기가 전해진
다. [도판: (재)가와나베 교사이 기념미술관]

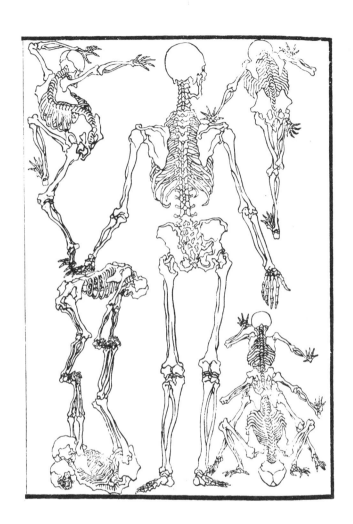

사체는
어디서 오는가?

해부를 하려면 죽은 사람이 필요하다. 그러면 그 죽은 사람은 어디서 구하는 것일까?

죽은 사람은 말이 없다. 하지만 살아 있을 때 죽고 난 뒤의 일을 결정할 수는 있다. 그래서 지금 대부분의 대학교에서 해부되는 사체는 본인의 생전 의지에 따라 해부실로 온다. 해부되는 사체는, 아직 살아 있을 때 그렇게 하겠다고 결정한 사람의 몸이다.

"내가 죽으면 내 몸을 해부해서 의학에 도움이 되게 해주십시오."

이것을 헌체(獻體)라고 한다.

일본에서는 메이지 시대 초기에 처음 대학이 생겼다. 대학 의학부의 시초는 도쿄대학 의학부다. 여기서 해부가 시작되었고 그때에 이미 헌체가 있었다. 처음 헌체한 사람이 누구였는지도 얼마든지 알 수

34

있다. 하지만 그 뒤로는 해부가 헌체만으로 이루어진 것은 아니다. 메이지 시대 이후, 일본에서는 전쟁이나 지진이 계속되고 사회가 점점 변화하면서 친척이 없는 사망자 또는 애초에 어디서 온 누구인지도 모르는 사체가 많이 생기는 시대가 이어졌다. 그 시대에는 그런 사체가 생기면 그 지역의 장이 해부에 기여하도록 사체를 의과대학에 보내도 괜찮았다. 그런 법률도 만들어졌다. 그렇게 가족이나 거두어줄 사람이 없는 사체들의 도움으로 일본의 의과대학은 해부학 교육을 계속할 수 있었다.

1960년 전후 무렵이다. 일본 사회도 겨우 전쟁에서 벗어나 조금씩 안정을 되찾았다. 그러는 사이에 가족이 없는 사람, 연고가 없는 사람의 사체가 점점 사라졌다. 그래서 지금껏 해오던 방식으로는 의학 교육을 위한 사체를 구할 수 없었다. 그런 이유와 함께 해부학 교육을 중요하게 생각하는 사람들 사이에서 헌체 운동이 일어났다. 죽으면 내 몸을 의학을 위해 기증하자. 그런 사람들의 모임이 일본 전체에서 일어났고, 점점 수가 많아졌다. 지금은 헌체를 하려는 사람들의 모임이 많다. 대학에서 계통해부를 할 수 있는 것은 전적으로 이런 사람들의 도움 때문이다.

헌체는 일본에만 있지 않다. 이제는 많은 나라에서 인체의 표본이 필요할 때 헌체에 의존한다.

해부뿐만이 아니다. 장기이식이 필요할 때도 본인이나 가족의 동의를 얻어 이식을 위한 장기를 얻는다. 일본에서 장기이식이 좀처럼 이루어지지 않는 이유는 헌체와 같은 형태로 장기이식을 위한 운동이 일어나지 않는 탓도 있다.

장기이식은 해부에 헌체하는 것과 달리, 뇌사 상태에서 장기를 꺼내야 하는 경우가 많다. 하지만 뇌사 상태에 있는 사람은 절대 많지 않다. 죽는 사람의 10분의 1 정도라고 하는데, 그중에서도 이식에 적합한 장기를 가진 수는 더 줄어든다. 해부를 위한 헌체라면 거의 100퍼센트 대학에서 받아들인다. 그것이 장기이식을 위한 장기의 제공과, 해부를 위한 헌체 사이의 큰 실질적 차이다.

2장

기분이 나쁘다

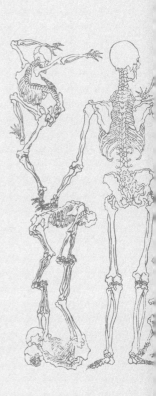

사체의
으스스한 느낌

"시체가 기분 나쁘지는 않나요?"

누구나 이런 질문을 한다. 기분 나쁘다, 무섭다. 말하자면 싫다는 말이다. 해부가 싫어서 의사가 되지 않겠다고 하는 사람까지 있다.

분명히 사체에는 기분 나쁜 느낌이 있다. 하지만 그것은 몸의 어떤 부분이냐에 따라 다르다.

"시체는 시체죠. 부분이고 뭐고 그런 게 어딨어요?

이렇게 생각하는 사람도 있을 것이다. 그것을 극복하는 것이 해부의 첫걸음이다. 극복을 위해 사체를 똑바로 보고 생각해야 한다.

그러면 '몸의 모든 부분이 기분 나쁜 것은 아니다'라는 것을 알 수 있다.

말하자면 사체를 '기분 나쁜 것'이라는 말 한마디로 뭉뚱그려 표현

가와나베 교사이가 그린 구상도(九相圖). 원래는 가마쿠라 시대에 그린 그림으로, 메이지 시대에 그려진 것은 드물다. 사람은 죽을 때까지 아홉 가지 모습을 거친다는 생각에서 나온 그림이다. 그래서 정확히는 아홉 장의 그림이 한 세트가 된다. 위의 그림은 그 일부이다. [도판: (재)가와나베 교사이 기념미술관]

하지 않고, 각각 개성 있는 부분으로 차례대로 분리하는 것이다. 그런 방식을 '현실에 직면한다'라고 말한다.

수영을 못하는 사람은 바닷물에 들어가는 것조차 무서워하기도 한다. 파도가 밀려와 언제 덮칠지 모른다. 그런 공포심이 심해지면 파도가 치는 곳에서 멀리 떨어지기도 한다. 하지만 그러고 있으면 결코 수영을 배울 수 없다.

일단 바닷물에 몸을 담가보면 자신을 덮칠 만큼 큰 파도는 거의 오지 않는다. 하다 보면 알게 된다. 그렇게 철벅철벅하다 보면 바닷물 안에서는 대부분 자연스럽게 몸이 뜬다. 그것을 알게 되고 그렇게 물에 떠 있는 시간이 점점 길어지면, 어느새 자신이 헤엄치고 있다는 것을 알아차린다. 그것과 마찬가지다.

그렇다면 구체적으로 사체의 어디가 기분 나쁜 것일까? 아주 분명하다. 첫 번째는 손, 두 번째는 얼굴, 그중에서도 특히 눈이다.

사체의 배 부분만 드러나게 흰색 천을 벗겨보자. 사람에 따라서는 부풀어 올라 있기도 하고 평평하기도 하겠지만, 어쨌든 특별히 이렇다 할 만큼 이상하지는 않고 그저 평평한 면 위에 배꼽만 하나 달랑 보일 뿐이다. 이런 곳은 전혀 기분 나쁘지 않다.

그러면 손을 보자. 손은 좀 다르다. 손의 어디가 어떻게 기분이 나쁘다는 걸까? 손을 해부하려면 일단 손을 잡아야 한다. '손을 잡는다'는 것은 악수를 한다는 말인데, 살아 있는 인간의 세계에서 그것은 조금 특수한 의미를 지닌다. 그런데 죽은 사람이라도 그것은 마찬가지가 아닐까?

그리고 눈이 그렇다. '눈이 마주친다'라는 표현이 있다. 이 말에도 역시 특별한 의미가 있다. 모르는 사람을 쳐다보다가 문득 눈이 마주칠 때가 있다. 그러면 보통 당황해서 눈을 피하게 된다. 대부분 그런 경험이 있을 것이다. 눈이 마주칠 때는 살짝 당황스럽다. 그런데 눈을 해부하려면 어떤 식으로든 사체의 눈을 바라보지 않을 수 없다. 죽은 사람과 눈이 마주치게 되는 셈인데, 그렇다고 인사할 필요도 없고 난처할 것도 없다. 하지만 이때는 참 어찌해야 할지 몰라 난감하다.

살아 있는 사람이라면 대개 누구나 그렇듯이, 손과 얼굴만 옷 바깥으로 나와 있다. 우리 몸에서 남의 눈에 보이는 부분은 보통 이 두 군데다.

왜 이 두 부분은 옷 바깥으로 나와 있을까? 손이나 얼굴을 옷 속에 집어넣고 있으면 불편해서 못 견딜 것이다. 손을 감추고 있으면 물건을 쥘 수 없다. 얼굴을 감추고 있으면 밥을 먹기가 어렵고 숨을 쉬기도 힘들다.

그렇다면 장갑을 끼면 되지 않을까? 홋카이도의 겨울이나 시베리아처럼 추운 곳에서는 장갑을 끼는 것이 일반적이다. 얼굴도 마찬가지 아닐까? 이슬람 여자들은 베일로 얼굴을 완전히 가린다. 미국의 은행 강도가 얼굴에 스타킹을 뒤집어쓰고 있는 장면을 TV에서 볼 때가 있다. 얼굴을 감추면 정말 불편하다. 그러니 그런 식으로 생각할 문제가 아니다.

또 반대로 불편한데도 굳이 감추는 경우도 있다. 어린아이가 화장실에 가서 팬티를 제대로 못 내리는 바람에 오줌을 싸버리는 경우가

해부학 교실에 오신 걸 환영합니다

그렇다. 그건 아이에게 바지나 팬티를 억지로 입혀서 그런 게 아닐까? 그렇다면 날씨가 춥지 않을 때는 얼굴이나 손처럼 엉덩이를 옷 바깥으로 내놓으면 될 것이다. 설사가 심해서 일 년 내내 화장실에 간다고 생각해보자. 그렇다면 처음부터 옷을 벗고 있으면 되지 않나?

이렇게 생각하면 몸의 어디를 감추고 어디를 감추지 말아야 할지는 꼭 편리와 불편으로 결정되지 않는다는 것을 알 수 있다. 문화나 그때그때의 상황 때문에 달라진다. 그러면 왜 손과 얼굴은 그렇게 정해졌을까?

얼굴과
손의 역할

　얼굴과 손은 사람의 몸 중에서 가장 자주 움직이는 부분이다. 발도 비교적 많이 움직이는 편이기는 하지만, 아래쪽에 있어서 눈에 잘 띄지 않는다. 얼굴 중에서는 눈이 가장 자주 움직인다. 여자 중에는 입이 더 자주 움직이는 경우도 있지만, 그래도 눈을 깜박이는 횟수에는 비할 수가 없다. 눈을 깜박이는 것은 눈을 감지 않는 한 절대 멈추지 않는다. 손도 역시 매우 자주 움직인다. 무엇을 하든, 무슨 일을 하려면 대부분 손을 움직이지 않을 수 없다.

　움직이고 있는 손이나 얼굴, 얼굴 중에서도 눈, 이런 부분은 상대가 나를 볼 때 주목하는 부분이기도 하다. 상대는 그곳을 눈여겨보면서 '뭘 하는 걸까?' 하고 생각한다. 말하자면 '표정을 읽는 것'이다. 이런 움직임을 커뮤니케이션이라고 한다. 즉 정보를 전달하는 것이다. 우

해부학 교실에 오신 걸 환영합니다

리는 보통 정보를 전달하는 것은 말의 역할이라고 생각할 때가 많다. 하지만 말만 그렇지 않다. 우리 몸은 자주 '정보를 전달'한다. 상대방의 몸짓을 보고 뜻을 알아맞히는 제스처 게임이라는 것을 해본 적 있는가? '먹다' 같은 정도의 말이라면 제스처로 간단히 전달할 수 있다.

물론 말로 전달할 수 있는 '의식적' 정보를 몸을 통해 전하려는 것은 좋은 방법이 아니다. 귀가 안 들리는 사람이 수화로 이야기하거나, 외국에서 말이 안 통할 때 손짓 발짓으로 전달하려고 할 때가 있다. 하지만 이것은 어디까지나 말의 대용이며, 말로 전할 수 없을 때 이용하는 수단이다.

내가 아는 한 선배가 외국에 간 적이 있다. 그런데 말이 안 통했기 때문에 "아침 6시에 깨워주세요"라는 간단한 말도 전할 수 없었다. 그래서 일단 팔을 펄떡펄떡 퍼덕거리며 날아가는 흉내를 내면서 "꼬끼오!" 하고 울음소리를 냈다. 그리고 손가락으로 '6'이라는 숫자를 몇 번이나 그려 보였다. 그러자 직원이 잘 알겠다는 듯이 싱글싱글 웃으며 고개를 크게 끄덕이더니 어딘가로 갔다. 잠시 있다가 돌아오더니 삶은 달걀 여섯 개를 가져왔다고 한다.

몸이 전달할 수 있는 것은 이런 정보가 아니다. '무의식'의 정보다. 입으로 말하지 않아도 사실 몸이나 표정을 보고 아주 많이 알 수 있다. 예를 들면 상대가 아버지일 때를 생각해보자.

"오늘은 기분이 언짢아 보이네. 지금은 용돈 달라는 말은 안 하는 게 좋겠어."

이런 판단을 내릴 때가 종종 있지 않은가? 또 처음 만나는 사람을 보고 이렇게 판단할 때도 있을 것이다.

"왠지 까다로워 보여."

"성격이 좋을 것 같은데."

이런 판단을 내린 밑바탕이 되는 '몸의 표정'은 자기 스스로 그렇게 '보여주겠다'라는 생각에서 나온 것이 아니다. 보여주는 본인의 입장에서 보면 그저 그것이 상대방에게 '자연스럽게 보인 것'일 뿐이다. 그렇다고 표정을 읽는 쪽도 굳이 그렇게 읽으려고 한 것은 아니다. 그도 마찬가지로 '자연스럽게 읽은 것'이다. 몸의 표정을 읽은 쪽도 왜 그렇게 읽었는지, 이렇다 할 이유를 설명하지 못할 때도 있다. 애써 거짓말을 꾸며냈는데, 드러난 표정으로 금세 들켜버린 경험이 있지 않은가? 그렇기 때문에 몸이 전달하는 정보는 '무의식'인 것이다. '의식' 쪽이 거짓말을 꾸미고 있는 것 같지만, '무의식'이 그것을 배반한다.

그럼 다시 사체 이야기로 돌아가보자. 예전에는 그렇게 자주 움직이던 표정이 전혀 움직이지 않게 된다면 어떨까? 해부할 때 바로 눈앞에 있는 것은 죽은 사람이다. 그러니까 당연히 움직이지 않는다. 하지만 설령 죽은 사람이라 해도 인간임은 틀림없다. 우리는 평소 인간을 익숙하게 봐왔기 때문에, 비록 상대가 죽은 사람이라고 해도 인간으로 여기며 보게 된다. 손을 보면 그 손의 표정을 본다. 본다기보다 무의식적으로 표정을 읽는 것이다. 그런데 손이 움직이지 않는다면 표정을 읽을 도리가 없다. 읽을 수 없는 표정은 정말로 으스스하다.

인형이나 가면을 보다가 문득 오싹했던 적은 없는가? 무시무시한

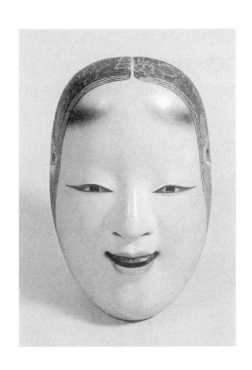

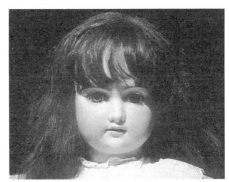

'움직이지 않는' 표정의 예로 가면과 인형이 있다. 가만히 보고 있으면 으스스하게 느껴진다.

영화에서 그런 것들이 사용되는 경우가 있다. 인형의 얼굴이나 가면도 '움직이지 않는 표정'을 지니고 있다는 의미에서 보면 의외로 시체와 비슷하다. 프랑켄슈타인 박사가 만든 괴물의 기분 나쁜 표정도 마찬가지이다. 영화에 나오는 괴물은 얼굴의 움직임이 거의 없고 표정도 없다.

우리는 손과 눈이 자주 움직이는 것에 자기도 모르게 익숙해져 있다. 당연하다고 여기는 것이다. 그렇기 때문에 그 '당연함'이 당연함을 잃게 되면 어떻게 생각해야 할지 알 수 없게 된다. 어떻게 생각해야 할까, 그것을 알 수 없다는 것은, 찬찬히 생각해보면 으스스함과 관계가 있다. 잘 알고 있었다면 특별히 무서워할 필요도 없다.

상대방은 죽은 사람이다. 그것은 잘 알고 있다. 그리고 그 사람의 손이나 눈을 본다고 하자. 그 눈이 갑자기 떠진다면 어떨까? 공포 영화에서 그런 장면을 종종 볼 수 있다. 손을 본다. 그것이 갑자기 움직인다면 어떤 기분이 들까? 너무나 무시무시한 일이다. 그러면 어째서 그런 생각을 하는 걸까? 왜냐하면 인간에게는 상상력이 있기 때문인데, 그렇다고 단지 그것만이 이유는 아니다. 결국 죽음은 우리가 '잘 이해할 수 없는 것'이기 때문이다. 잘 이해할 수 없는 것이 일어난 이상, 그 뒤에 무슨 일이 벌어진다고 해도 이상할 것이 없기 때문이다. 그렇기 때문에 으스스한 느낌이 드는 것 같다.

배 같은 평소에 잘 보이지 않고 거의 움직이지 않는 곳은 산 사람의 상태와도 그다지 다르지 않다. 그런 부분은 특별히 기분 나쁘게 느껴지지 않는다. 어디를 봐도 표정이라고는 거의 없기 때문이다.

해부학 교실에 오신 걸 환영합니다

몸은
자연의 것

죽은 사람은 사람일까? '죽으면 사물'이라고 말하는 사람이 많다. 그런데 정말 그럴까?

자신의 할아버지나 할머니가 돌아가신 경험이 있으면 그때를 생각 해보자. 할아버지, 할머니는 죽으면 사물이 된 것일까?

물론 그렇지 않다. 여전히 내 할아버지고, 내 할머니다.

하지만 이미 죽은 사람이 아니냐고?

거기에 문제가 있다. 생각해보자. 죽은 사람이라도 인간은 인간이다. 그런데 죽으면 '인간'과는 뭔가가 다르다고 생각하기 때문에 으스스한 느낌이 드는 게 아닐까?

어째서 죽은 사람은 인간이라고 생각하지 않는 것일까?

무슨 말을 걸어도 대답하지 않기 때문이다.

하지만 곤히 잠든 사람이나 기절한 사람 역시 무슨 말을 걸어도 대답이 없다.

그러니 그 때문이 아니라, 죽은 사람은 숨을 쉬지 않고 호흡도 멈춰 있기 때문이다. 심장도 움직이지 않는다.

하지만 겉으로 봐서 알 수 있을까?

그러니까 의사한테 물어보는 것이다.

그러면 의사는 살았는지 죽었는지 어떻게 판단할까?

첫 번째 이유는 호흡이 멈추었다는 것이다. 두 번째는 심장이 멈추었다는 것이다. 세 번째는 밝은 빛을 눈에 비춰도 눈동자가 움직이지 않는 것이다. 살아 있는 사람이라면 눈동자가 수축한다. 이것을 동공반사라고 한다.

그렇게 하나하나 세심하게 살펴보지 않으면 살았는지 죽었는지 알 수 없다. 지금은 뇌사라고 해서, 호흡도 스스로 하지 않고 동공반사도 일으키지 않지만, 인공호흡기를 달면 심장은 아무 문제없이 움직이는 경우도 있다. 일본에서는 그런 사람을 죽었다고 인정하지 않지만, 미국이나 유럽 혹은 다른 몇몇 나라에서는 죽은 것으로 받아들인다.

살아 있다고 혹은 죽었다고 해도 그 아슬아슬한 경계가 어디인지는 확실하지 않다. 그런 말도 안 되는 소리가 어디 있냐고 생각할지도 모르겠다. 하지만 그렇다. 삶과 죽음이란 자연의 현상이다. 자연현상은 인간이 지구상에 생겨나기 전부터 있었다. 그 뒤에 인간이 나타나면서 살아 있는지 죽었는지 또 그 밖에 여러 가지를 말하게 되었다. 그런 자연현상을 우리가 완전히 이해할 수 있느냐 하면, 그렇지 않다.

해부학 교실에 오신 걸 환영합니다

삶과 죽음처럼, 그 구별이 너무나 당연해 보이는 것조차 사실은 그 구별이 당연하지 않다. 아무리 애를 써도 우리가 이해할 수 없는 것은 남는다.

인간의 몸은 자동차와 다르다. 자동차는 인간이 설계해서 만들었다. 그러니까 그것이 고장 나면, 어디에 문제가 생겼는지 반드시 알 수 있다. 모든 부품을 인간이 생각해서 그 자리에 넣었다. 그러니 고장이 났을 때 그 이유를 모른다면, 모르는 쪽에 문제가 있다. 결국 고장의 원인은 반드시 밝혀진다.

하지만 인간의 몸은 그렇지 않다. 자동차와는 다르다. 이건 좀 어려운 문제다. 자동차처럼 '인간이 만든 것'인지, 또 인간의 몸처럼 '자연의 것'인지에 따라, '알 수 있는 것'과 '알 수 없는 것'에 차이가 생긴다. 이것은 당연하다면 당연한 말이지만, 요즘 사람들은 그다지 신경을 쓰지 않는다. 주변에 있는 물건은 온통 '사람이 만든 것'뿐이기 때문이다. 주변을 돌아보자. 예를 들어 집이나 학교에 있다고 하면, 눈에 들어오는 것 중 대부분은 사람이 만들었다. 건물, 의자, 책상, 전선, 전화, 자동차 등.

지금 우리 주변에는 온통 사람이 만든 것, 즉 '알 수 있는 것'뿐이다. 그런 것들만 보고 있기 때문에 사람의 몸처럼 '자연의 것'을 본 순간, 어떻게 생각해야 할지 알 수 없게 된다. 그것을 '알 수 없는 것'이라고 말하니 왠지 이상하게 들린다.

하지만 사람의 몸은 누구나 가지고 있지 않은가? 그걸 모른다는 것이 말이 되는가? 그렇지만 그것을 이해할 수가 없다. 이미 설명했듯이, 극단적으로 말하면 살아 있는지 죽었는지, 그조차 나라에 따라서 의견이 다를 정도이다.

그런 알 수 없는 것, 사람이 만들지 않은 것, 그것을 자연이라고 한다. 사람의 몸은 자연이다. 그렇기 때문에 몸은 근본적으로는 이해할 수 없는 것에 속한다. 자동차라면 만든 사람에게 어떠한 '생각'이 있어서 그렇게 만들어진 것이다. 자동차라면 제대로 움직여야 한다. 달리는 기계라면 나름대로 다양한 장치가 필요하다.

그런데 사람의 몸은 그 부분이 분명하지 않다. 사람의 몸은 무엇을 위한 것일까. 일단 그것을 알 수 없다. 자동차라면 달리기 위해서인데, 사람의 몸은 무엇을 위해 존재할까. 그 이유는 얼마든지 설명할 수 있겠지만, 그 설명에 끝은 없다. 어떤 설명으로도 충분하지 않다. 이런 말이 혼란스럽게 들릴 것이다. 똑똑한 사람에게 물어보면 뭐든 알 수 있지 않을까? 그렇지 않다. 아무리 훌륭하고 잘난 사람도 잘 모르는 부분이 반드시 있으며, 그것이 자연이다. 사람의 몸은 자연인 것이다.

삶과 죽음은 자연의 현상이다. 그래서 이론으로 모든 것을 알 수 없다.

해부학 교실에 오신 걸 환영합니다

죽으면
그저 사물

죽은 사람은 사물인가? 그건 아니라고 했다. 그럼 왜일까?

사물이라면 살아 있을 때부터 사물이다. 처음부터 장소를 차지하기 때문이다. 체중이 있다. 누군가와 부딪치면 벽에 부딪혔을 때와 마찬가지로 뚫고 지나갈 수는 없다. 그런 모든 것이 사물, 즉 물체의 특징이다. 그렇다면 사람은 살아 있을 때부터 물체의 성질을 가지고 있다. 죽은 뒤에도 그 성질에는 조금도 변함이 없다. 단지 그뿐이다. 죽었으니까 갑자기 사물이 되었다는 것은 있을 수 없다.

그런데 그것이 너무나 희한하다. 죽는다는 건 어떤 것일까? 그래서 자연을 전부 알 수는 없다고 말했다. 그것을 '알기 위해' 자연과학을 공부한다. 공부하다 보면 언젠가는 '알게 되고' 끝이 날까? 그렇지 않다. 아무리 공부해도 알 수 없는 것이 남는다. 어차피 알 수 없다면 공부하지 않아도 되지 않나 하고 생각하는 사람이 정말 많다. 하지만 그렇게 생각하면 알 수 있는 것마저도 알 수 없게 된다.

청소를 도와달라는 엄마에게 딸이 말한다.

"어차피 또 더러워질 텐데 왜 청소해? 안 해도 상관없잖아?"

그렇게 말하는 사람은 어차피 죽을 건데 안 살아도 되잖아, 하고 말하고 싶은 걸까? 어차피 또 배고파질 텐데 먹어봤자 똑같잖아, 하고 생각하는 걸까?

학교에서 내주는 문제에는 보통 정답이 있다. 자연의 문제에는 종종 정답이 없다. 답이 있는 문제만 보아왔기 때문에, 답이 없는 문제에 부딪치면 화를 낸다. 왜 답도 없는 문제로 머리를 쓰게 하냐며 분통을 터뜨린다.

그래서 말하지 않았나. '사람이 만든 것', 우리는 그것에만 익숙해져 있어서 '자연의 것'에는 알 수 없는 게 있다는 것을 이해하지 못한다. 학교의 시험문제는 '선생이 만든 것'이다. 이것은 '사람이 만든 것'이기 때문에 보통 정답이 있다. 하지만 상대가 자연이라면 그리 간단하지 않다. 자연에게 질문을 던지면, 대답해 줄 때도 있고 그러지 않을 때도 있다. 엉터리 같은 질문을 하면 대답이 돌아오지 않는다. 제대로 질문하면 노벨상 같은 것을 받을 수도 있다. 어떻게 묻느냐에 달린 것이다.

그러면 살아 있는 것은 어떤 것이고, 죽은 것은 어떤 것일까? 이 질문에 자연은 좀처럼 대답해주지 않는다. 그러나 이 문제는 사회적으로 중요한 문제다. 모르겠어요, 하고 끝낼 수 있는 문제가 아니다. 그

해부학 교실에 오신 걸 환영합니다

래서 정부가 '뇌사 및 장기이식에 관한 임시조사회'라고 하는 긴 이름의 위원회를 만든 것이다. 그곳에서 똑똑하고 뛰어난 사람들이 함께 의논해보았지만, 결국 의견이 완전히 일치하지는 않았다.

그것이 자연이다. 자연은 종종 그 구별을 확실히 할 수 없다. 확실히 구별할 수 있었다면, 운이 좋았거나, 구별할 수 있다고 '착각'했을 뿐이다. 하긴 이런 이야기는 좀 어렵다.

죽은 사람은 산 사람과는 좀 다르다. 죽고 나서 시간이 지날수록 차이가 분명해진다. 하지만 산 사람이라도 시간이 지나면 조금씩 변한다. 누구나 예전에는 아기였다. 그러다 어느새 말을 하고 책을 읽게 된다. 또 어느새 나이를 먹고 할아버지, 할머니가 된다. 시간과 함께 사람이 변하는 것은 꼭 죽은 사람에게만 일어나는 일이 아니다.

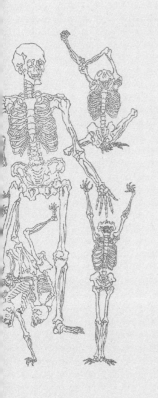

3장

왜 해부를 시작했나

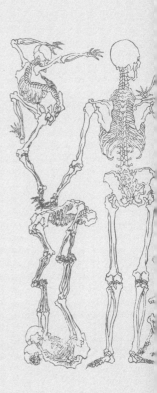

인체를
하나하나 분해하다

사람의 몸을 해부한다는 이상한 일은 도대체 누가 처음 시작했을까?

또 애초에 해부라는 것을 왜 생각해내었을까? 죽은 사람을 보면 다들 기겁하고 도망친다. 그것이 당연한 일일 것인데 메스며 핀셋을 들고 사체를 하나하나 분해한다. 그런 것을 생각해낸 사람이라면 어지간히 괴상한 사람이지 않을까?

하지만 특별히 이상한 사람은 아니었다. 사실 사물을 하나하나 분해하는 일은 누구나 다 하는 일이다. 그렇다고 시계를 분해하거나 장난감 부품을 하나씩 해체한다는 말은 아니다. 물건을 하나하나 부수고 분해하는 것은 '말을 사용하는 것'에서 시작되었다.

말을 사용하는 것이 어떻게 사물을 분해하는 것이란 말이지? 그렇

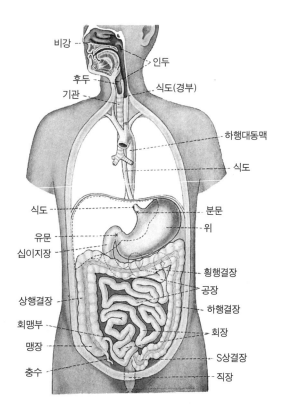

비강
인두
후두
기관
식도(경부)

하행대동맥

식도

식도
분문
유문
위
십이지장
횡행결장
공장
상행결장
하행결장
회맹부
회장
맹장
S상결장
충수
직장

사람의 소화관. 복잡해 보이지만 간단히 정
리하면 이렇게 하나의 관으로 되어 있다. 인
두는 호흡기와 공통되는 부분이지만, 식도에
서 그 아래로는 소화관뿐이다. 식도는 대동
맥과 기관 사이에 위치한다.

게 생각해본 적이 없는 사람에게는 의외로 어렵게 느껴질 수도 있겠다. 하지만 이것은 그리 어려운 이야기가 아니다.

한번 생각해보자. 사물에는 제각기 이름이 붙어 있다. 나무는 나무고, 풀은 풀이다. 개는 개라고 부른다. 이런 이름들은 처음에 누가 지었는지 알 수 없지만, 어쨌든 누군가가 어느 때 어느 곳에서 이런 이름을 지었던 것이다.

인간은 여러 가지 사물들에게 이름을 붙인다. 이름을 붙이지 않으면 불편해서 그랬을까? 그렇지 않다. 굳이 이름이 없어도 되는 것들에도 붙이고 있지 않은가.

쇼와 천황이 길을 갈 때 옆에서 수행하던 사람이 풀을 보고 이렇게 말했다.

"저건 잡초입니다."

그러자 천황이 이렇게 말했다고 한다.

"잡초라는 건 없네."

천황의 말이 맞다. 지금은 대부분 식물에게 저마다의 이름이 붙어 있다. '잡초'라고 말한 사람은 그 식물의 이름을 알지 못해서 그렇게 말했을 뿐이다. 그러니 이름을 붙이는 것이 편리해서 혹은 불편해서라기보다는, 인간이란 어쨌든 이렇게 이름을 붙이는 행위를 하는 동물이기 때문이다.

인간은 말을 사용하면서부터 온갖 사물에게 닥치는 대로 이름을 붙였다. 이 세상의 식물 이름을 모조리 다 아는 사람은 없을 테다. 곤충만 해도 전 세계에 수백만 종이 있다고 한다. 아니, 최근의 연구에 따르면 3,000만 종에 이르지 않을까 하는 의견까지 나왔다. 그렇게 엄청난 수의 이름을 외울 수는 없다. 하지만 알려진 곤충들에 한에서는 대개 이름이 붙어 있다.

달, 해, 별, 나무, 풀, 흙, 물……, 이렇게 우리는 사물에게 이름을 붙인다. 이렇게 해서 온 세계의 모든 것에게, 비록 그 정체가 무엇인지 확실하지 않다 해도 어쨌든 이름을 붙여왔다. 실체가 무엇이든 상관없이, 밤하늘에 빛나는 별보다 큰 것이라 하면, 그것은 달이다. 이런 식으로 무엇이 되었건 그것에는 말이라는 딱지가 붙게 된다. 인간은 이런 식으로 세계를 말로써 표현했다.

그런데 어느 날 문득 깨닫는다. 우리 몸속에 있는 것에는 아무런 딱지가 붙지 않았다는 것을 말이다. 우리 몸 안은 완전히 백지 상태가 아닌가? 그래서 몸 안에 있는 것에도 이름을 붙이기 시작했다. 몸을 해부하지 않더라도 어느 정도는 알 수 있었다. 크게 상처를 입은 사람이나 죽은 사람을 보면 몸 내부에 대해 얼마간의 지식은 얻을 수 있었다. 그렇게 몸 안에 있는 '구조'에 이름을 붙이기 시작했다.

그렇다면 이름을 붙인다는 것은 무엇을 의미할까? 그것은 사물을 '절단'한다는 것을 의미한다. 뭐라고? 이름을 붙이는 것이 '절단'하는 것과 도대체 무슨 관계가 있다는 말인가?

이름을 붙이는 것은 사물을 절단하는 것이다. 먼저 '머리'라는 이름을 붙이면, 그에 따라 '머리가 아닌 부분'이 생기게 된다. 그렇다면 '머리'와 '머리가 아닌 부분'의 경계는 어디일까?

그러니까 머리에 '머리'라는 이름을 붙이면 거기에는 '경계'가 생겨

해부학 교실에 오신 걸 환영합니다

1. 전두부
2. 측두부
3. 후두부
4. 측두상부
5. 측두하부
6. 비부
7. 구부
8. 이부
9. 안와부
10. 안와하부
11. 협부
12. 협골부
13. 이하선 교근부
14. 전경부
15. 악하삼각부
16. 경동맥삼각부
17. 흉쇄유돌근부
18. 소쇄골상와
19. 외측경삼각부
20. 견갑쇄골삼각부

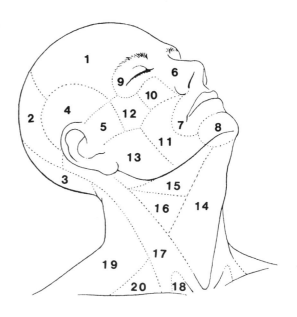

인체의 표면은 이렇게 빈틈없이 이름이 붙어
있다. 이름이 붙은 부분의 '사이'에는 경계가
생긴다. 그 경계는 자연스럽게 존재하는 것
이 아니다. 생각해보면, 이름이 붙었기 때문
에 경계가 생긴 것이다. 이렇게 하여 인체는
'잘린다'.

버린다. 경계가 생긴다는 말은 지금까지 '잘려져 있지 않았던' 것이 '잘린다'는 것을 의미한다. 국경이 바뀌었다고 생각해보자. 어제까지 내 나라여서 자유롭게 왔다 갔다 할 수 있었던 마을이 오늘부터 갑자기 갈 수 없는 곳이 되었다. 예전에 유럽 대륙에서는 종종 있었던 일이다.

땅은 끝없이 이어져 있지만, 중국이나 인도 같은 나라가 생기면 '경계', 즉 국경이 생긴다. 다시 말해 이어져 있던 지면이 잘려버린 셈이다.

이렇게 국가의 경계는 인간이 마음대로 결정할 수 있다. 하지만 인간의 몸은 자연적으로 생겨난 것이 아닌가? 앞에서도 말했듯이, 자연적으로 생겨난 것은 비록 그것이 살았든 죽었든 그 경계를 간단히 결정할 수 없다.

그런데 그것을 간단히 잘라버린 것은 무엇일까? 바로 '말'이다. 이름이다. 말이 생기면서 이어져 있던 것이 잘렸다. 말에는 그러한 성질이 있다.

인간의 몸에 이름을 붙인다. 이름이 붙은 부분은 우리 머릿속에서 이름이 붙지 않은 다른 부분에서 잘린다. 머리, 목, 몸통, 손, 발. 여러분은 그 경계를 정확히 말할 수 있는가? 아무도 그 경계를 말할 수는 없다. 한 사람의 인간, 그 안에는 경계가 없다. 다만 인간의 몸 각 부분에 손이며 발이며 이름을 붙이면, 인간은 잘려서 하나하나 분해된다. 물론 실제로 온몸이 하나하나 분해된다는 말은 아니다. '말 속에서' 그렇다는 뜻이다. 하지만 인간은 대부분 '말의 세계' 속에서 살아간다. 그러니 사실 '잘렸다'고 해도 괜찮은 것이다.

해부학 교실에 오신 걸 환영합니다

이것이 해부의 시작이다. 말 속에서, 다시 말해 머릿속에서 먼저 인간의 몸을 자르기 때문에 실제로도 '자르게' 되는 것이다.

그런 말도 안 되는 소리가 어디 있냐고 할지 모르겠다. 머릿속에서 자르는 것과 실제로 자르는 것이 어떻게 같다는 말인가? 물론 다르다. 하지만 머릿속에서 먼저 자르기 때문에 결국 실제로도 자르게 된다. 머릿속에서 자동차라는 것을 생각해냈기 때문에 결국 실제로 자동차가 만들어졌다. 자동차가 만들어진 덕분에 자동차를 생각해낸 것이 아니다. 새로운 자동차를 만들려면 먼저 설계도를 그리지 않으면 안 된다. 비단 자동차뿐만이 아니다. 머릿속에서 먼저 집의 설계도가 그려지기 때문에 집이 지어진다. 인간의 몸을 '말로 나타내자'고 생각했기 때문에 해부가 시작된 것이다. 말에는 '사물을 자르는' 성질이 있다.

어렵게 여겨질지도 모르지만 꼭 그렇지도 않다. 말에는 사물을 자르는 성질이 있다. 인간은 머릿속에서 생각해낸 것을 밖으로 실현하려는 버릇이 있다. 이 두 가지만 알면 해부가 왜 시작되었는지 이해한 것이다.

물론 왜 해부가 시작되었는지에 대해서는 또 다른 이유도 생각할 수 있을 것이다. 하지만 사람들은 보통 귀찮다는 이유로 원인을 한 가지로 만들어버린다. 예를 들어 우리는 배가 고프니까 밥을 먹는다. 그 이유라면 대부분의 사람들은 밥 먹는 행위를 납득한다. 하지만 식사 시간이 되었으니까 밥을 먹을 수도 있다. 혹은 공부하기보다 밥을 먹는 편이 낫겠다는 생각이 들어 밥을 먹는지도 모른다. 밥을 먹는 이유는 하나만 있지 않다.

의사는 사람의 몸 안, 거기에서 무엇이 일어나는지 잘 알아야 한다. 하지만 아무리 애쓴다고 해도 그 전부를 다룰 수는 없다. 그래서 전문 분야로 나뉜다. 안과는 눈을 전문으로 하고 이비인후과는 귀와 코와 목 안을 연구한다. 하지만 학생 신분으로 공부할 때는 일단 몸 전체를 다 공부해야 한다. 왜 그래야 할까?

눈에 생긴 병이든 귀에 생긴 병이든 그곳에만 한정된 병이 아닐 수도 있다. 당뇨병으로 눈이 멀 수도 있다. 약을 먹고 귀가 멀 수도 있다. 그런 일이 일어나기도 한다. 안과 의사니까 눈만 잘 알면 된다고 말할 수 없다.

몸에 상처가 났다고 해보자. 사람은 어디에 상처가 날지 알 수 없다. 손가락 끝에 상처가 난 사람이 있는가 하면 머리를 다친 사람도 있다. 그렇게 생각하면 몸 전체에 대한 지식 없이 의사가 될 수는 없다. 그래서 해부를 공부한다. 그것도 온몸을 다 공부한다. 눈은 기분 나빠서 하기 싫어요, 그렇게 말할 수 없는 노릇이다.

옛날 사람도 똑같이 생각했을 것이 틀림없다. 의사가 되어 남의 몸을 진찰한다. 환자는 배가 아프다고 호소하며 얼굴이 새파랗게 질려 있다. 도대체 환자의 배 속에서 무슨 일이 일어난 것일까? 그러니 해부 지식이 필요한 것은 당연한 일이 아닐까?

이렇게 실질적인 필요에 따라 해부가 시작되었다. 이런 생각은 쉽게 이해할 수 있다. 마치 택시 운전수가 되려면 그 지역의 지리를 익혀야 하는 것과 비슷하다. 내가 지금 어디를 달리고 있는지 알지 못한

해부학 교실에 오신 걸 환영합니다

다면 운전수가 될 수 없다.

　해부가 시작된 이유를 '무엇에 도움이 되는가'라는 문제로 설명한다면 앞뒤 말이 잘 들어맞는다. 하지만 단지 그것만으로는 설명할 수 없는 것들이 세상에는 너무 많다. 인간은 결국 그것을 깨닫는다. 하지만 '무엇에 도움이 되는가', 단지 그 질문에 만족할 수 있는 대답이라면 그것으로 충분하다.

　나는 그것으로 만족할 수가 없다. 무엇에 도움이 될지 알 수 없는 것, 그런 것들이 세상에는 무궁무진하게 쌓여 있다. 예를 들어 우리 집 마당에 굴러다니는 돌멩이, 어느 누구도 본 적이 없을지 모르는 우주 저 멀리서 빛나는 작은 별, 그리고 우리의 몸은 무엇에 도움이 될까? 그래서 나는 그저 '도움이 된다'는 설명이 아닌 해부에 대해 다른 설명을 해본 것이다.

내장과
내장이 아닌 것

사람의 몸 안이라고 해도 여러 부분이 있다. 그렇다면 해부를 할 때 어떻게 나눌까?

먼저 크게 두 부분으로 나눈다. 내장과 내장이 아닌 부분이다. 생선을 예로 들면 내장이 아닌 부분이란 말려서 먹는 부분이다. 말린 생선에는 내장이 없다. 없는 게 아니라, 누가 내장을 떼어낸 것이다.

우리 몸에서 내장이 아닌 부분을 전문 용어로 체성계(體性系)라고 부른다. 체성계에는 근육이나 피부, 뼈, 감각기나 뇌가 포함된다. 말린 생선은 주로 체성계로 되어 있다. 말린 생선에서 먹을 수 있는 부분은 피부와 근육인데, 그것을 먹고 나면 뼈가 남는다. 몸에서 내장이 아닌 부분, 즉 체성계는 겉에서 어느 정도 볼 수 있다. 먼저 피부가 보인다. 또 뼈 때문에 툭 튀어나와 도드라진 부분이 보인다. 근육이 부풀어오

해부학 교실에 오신 걸 환영합니다

른 것도 보인다. 보디빌딩을 하는 사람이라면 해부하지 않아도 근육의 모양을 피부를 통해 꽤 잘 관찰할 수 있다. 이런 사람들을 모델로 하여 생체 해부를 공부한다. 체성계로는 그런 것도 가능하다.

반면에 내장은 '장성계(臟性系)'에 속한다. 내장은 외부에서 관찰이 어렵다. 몸속에 '체강(體腔)'이라고 불리는 공간이 있는데, 내장은 주로 그곳에 들어 있다. 체강이라는 공간 속에 들어 있어서 공간의 벽을 무너뜨리지 않는 한, 내장은 보기 어렵다. 그 체강을 포함해 벽을 만들고 있는 부분이 체성계다.

체강을 '체공'이라고 부르는 사람도 있다. '腔'이라는 한자를 '공'으로 읽어서 그런데, 의학의 영역에서는 예로부터 '체강'이라고 불러왔다. '腔'이라는 글자는 해부학에서 몸속에 있는 빈 공간이라는 뜻이다. 그래서 입속은 구강, 콧속은 비강이라고 한다.

체강은 가슴과 배 두 부분으로 나뉘는데, 각각 흉강과 복강으로 불린다. 흉강에는 폐 같은 것이 들어 있고, 복강에는 위나 장이 들어 있다.

그러면 내장에는 어떤 것이 있을까?

간장, 비장, 신장, 심장, 폐장이 있다. 예부터 이 다섯 가지를 '오장'이라 불렀다. '장(臟)'이란 실질적인 장기를 말한다. 말하자면 속이 꽉 채워져 있는 기관이다. 전체가 '살'로 이루어져 있다고 말할 수 있다.

그러면 속이 '꽉 차 있지 않은' 것은 어떤 내장일까? '주머니' 모양의 내장으로 위, 소장, 대장, 담낭, 방광, 다섯 가지를 가리키는데, 이

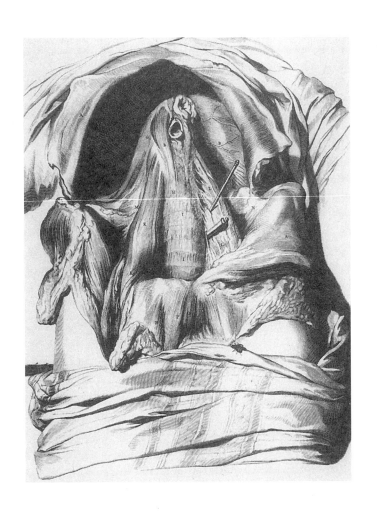

내장을 빼낸 배 안. 이것이 복강이다. 고바트
비드로(Govard Bidloo)의 그림이다.

것을 '부(腑)'라고 한다. 다만 부에는 하나가 더 있는데, '삼초(三焦)'라고 부른다. 사실 삼초는 정체가 확실하지 않다. 어쨌든 이것을 포함해 부는 전부 여섯 개가 되었다. 다섯 개의 장과 여섯 개의 부, 이를 합쳐 '오장육부'라 한다. 이것이 중국인들이 내장에 붙인 이름이다.

일본의 의학은 처음에 중국에서 수입되었다. 그래서 중국 글자를 한자라고 하듯이, 중국 의학을 한방이라고 한다. 한방은 오장육부설을 말한다. 그래서 일본의 의학도 에도 시대까지는 오장육부설을 따랐다. 어려운 글자가 많은 이유는 그것에 관한 이야기들이 처음부터 옛날 것이기 때문이다.

그런데 현대 의학에서 보면 오장에는 한 가지가 빠져 있다. 바로 췌장이다. 췌장은 에도 시대에 서양 의학의 지식이 들어오면서 처음 일본에 알려졌다. 췌장은 한자로 '膵臟'이라고 쓰는데, '췌(膵)'라는 글자는 사실 한자가 아니다. 다시 말해 중국인이 만든 글자가 아니라는 말이다. 중국인은 당연히 췌장을 몰랐다.

'췌(膵)'라는 글자는 에도 시대에 우다가와 겐신(宇田川 玄真)이라는 의사가 만들었다. 이렇게 일본에서 만든 한자를 '국자(國字)'라고 한다.

체성계가 환경과의 관계를 중심으로 역할을 다하는 것에 비해, 내장으로 대표되는 장성계는 우리 몸을 유지하는 역할을 담당한다. 소화, 호흡, 배설, 순환이라는 역할이 그것이다.

내장의 역할은 인간의 의식과 직접적인 관계가 없다. 우리가 위를 어떤 식으로 움직이고 싶다고 생각해도 그렇게 할 수 없다. 위는 제

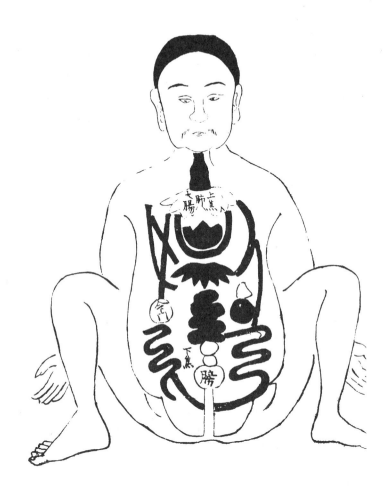

중국에서 전해진 한방 의학서에 실린 인체
그림. 실제 인체라기보다는 머릿속에서 '생
각'한 것을 그린 것이다. 새, 용, 거북, 호랑이
는 사신(四神)이라고 해서 동서남북의 방향
을 나타내는 신을 말한다. 땅에도 방향이 있
지만, 우리 몸에도 마찬가지로 방위가 있다
고 생각했다.

맘대로 자신의 형편에 맞게 움직인다. 소장은 먹은 것을 소화하고 흡수하는데, 전체 길이가 약 6미터나 된다. 이것이 복강 안에서 적당히 꾸물꾸물 움직이면서 음식을 내려보낸다. 그런 운동을 머리로 생각해서 하려면 골이 지끈지끈 쑤실 게 틀림없다. 아니면 장이라도 꼬이지 않을까. 하지만 내장은 제 스스로 그런 움직임을 잘 해낸다. 그렇기 때문에 내장에도 신경세포가 많다.

위가 너무 갑자기 움직이면 아프다. 그럴 때 대부분의 사람들은 "위가 아프다"라고 말한다. 하지만 심근경색처럼 심장 혈관이 막히는 경우에도 "위가 아프다"고 할 때도 있다. 사실은 위가 아픈 게 아니라 "배가 아프다", "윗배가 아프다"라고 하는 게 맞다. 위 자체가 아픈지 아닌지, 사실 환자 자신은 알 수 없다.

손이 아플 때 혹은 발이 아플 때와 달리, 내장의 통증은 장소를 정확히 알 수 없는 경우가 종종 있다. 본인은 어디가 아픈지 안다고 생각한다. 하지만 통증을 느끼는 장소가 폐인지, 심장인지, 위인지, 그것을 본인이 알 수 있을까? 알 수 없다.

예를 들어 피부에 통증이 있으면 어디가 아픈지 바로 알 수 있다. 하지만 내장의 경우는 아픈 부위를 본인이 특정할 수 없다. 내장은 보이지도 않고 만질 수도 없다. 어디서 무슨 일이 벌어지고 있는지, 설령 통증을 느낀다 해도 스스로는 확인할 길이 없다. 그렇기 때문에 본인이 "위가 아프다"고 해서 꼭 맞다고는 할 수 없다.

내장이 아픈 경우, 사실 머릿속에는 그에 대한 몸의 지도가 분명히 그려져 있지 않다. 피부의 경우라면, 몸 전체의 피부가 정확히 그려진

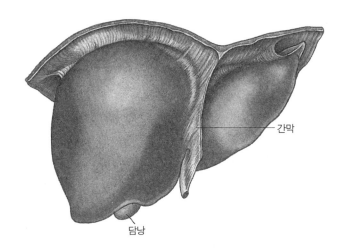

간막

담낭

간장. 표면에 붙은 막은 간막이다. 간장은 인체에서 가장 큰 장기이다. 소화관에서 흐르는 혈액은 먼저 간장으로 흘러들어 간다. 간장은 몇 가지 영양분을 혈액에서 얻어 소독한다. 또한 담즙을 만들어 그것을 담낭에 모아둔다.

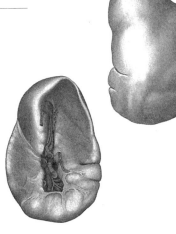

비장. 왼쪽은 뒤에서 본 그림이다. 비장은 순환계에 속하는 기관으로 내부에 혈액을 많이 포함하고 있다. 면역에 관한 역할도 한다.

담낭의 단면. 간장에서 만들어진 담즙을 모아서 필요한 때에 십이지장으로 보낸다. 담즙은 소화를 돕는 역할을 한다.

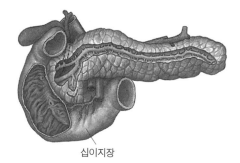

십이지장

췌장. 십이지장에 췌장에서 이어지는 관이 열리기 때문에 십이지장과 함께 나타냈다. 간장, 담낭에서 이어지는 관도 같은 장소에서 열린다. 췌장은 한방에서는 알려지지 않아 오장육부에 들어가지 않는다.

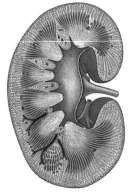

신장의 단면. 신장에서는 오줌이 만들어진다.

지도가 머릿속에 있다. 피부라면 어디가 아픈지 바로 알 수 있지만, 내장이 아플 때는 어느 부분에 통증이 있는지 확실하지 않다. 좀 어려우니 자세한 이야기는 나중에 하겠다.

등뼈를 가진
생물

어쨌든 체성계와 장성계는 그 운동이나 지각에서 서로의 성질이 약간 다르다. 둘 사이의 차이는 단지 건어물로 만들 때 편리한지 불편한지에 따라 생기는 것이 아니다. 몸속에서 크게 두 가지의 계통을 만든다는 데 가장 큰 차이가 있다. 물론 이 두 계통이 확실히 둘로 나뉘는 것은 아니다. 이미 앞에서 설명한 대로다.

멍게는 유생일 동안에 올챙이처럼 생긴 모습으로 자유롭게 헤엄치며 다닌다. 하지만 성체가 되면 바다 밑바닥에 가라앉아 움직이지 않는다. 이때 근육과 같은 체성계는 흡수되어 영양분이 된다. 성체가 되면 몸 대부분이 장성계가 된다는 말이다. 그렇게 해서 바다 밑바닥에 가라앉아 움직이지 않는다.

올챙이 같은 모습의 멍게 유생, 이런 동물에서 등뼈가 있는 동물이

해부학 교실에 오신 걸 환영합니다

진화했다. 그렇게 알려져 있다. 멍게 유생에는 척색이라는 등뼈와 같은 구조도 분명히 있다. 척색은 지금도 칠성장어에서 볼 수 있고, 인간의 몸에서는 일찍이 태아일 때부터 생긴다. 이것이 시간이 지나면 등뼈로 변한다.

등뼈가 있다는 것은 인간을 포함한 척추동물들 사이에서 매우 중요한 특징이다. 척추란 등뼈를 구성하는 뼈를 말하는데, 인간은 이것을 가지는 동물에 속한다.

그러면 등뼈를 가지는 동물에는 어떤 다른 그룹이 있을까?

첫 번째는 어류다. 물고기에 등뼈가 있다는 사실은 잘 알 것이다. 물고기는 당연히 물속에서만 살 수 있다. 두 번째는 양서류다. 양서류는 물속에서 알을 낳고, 새끼는 물속에서만 자란다. 하지만 어미는 종종 뭍으로 올라가기도 해서 양서류라는 이름이 붙었다. 개구리나 도롱뇽 같은 것들이다. 세 번째는 파충류다. 즉 거북, 도마뱀, 뱀 등을 말한다. 이들은 양서류와는 반대로 나중에 육지에서 살게 된 등뼈가 있는 동물이다. 거북은 물에서 살지만, 알을 낳을 때는 바다거북이라 해도 뭍으로 돌아온다. 양서류와 반대라는 것을 알 수 있다. 네 번째는 조류다. 이것은 파충류의 친척인데, 지금은 멸망한 공룡류와 가장 관계가 깊다. 학자에 따라서는 새와 공룡을 같은 그룹으로 묶어 분류하기도 한다. 그리고 다섯 번째가 포유류다. 포유류는 스스로 체온을 유지할 수 있고, 젖을 먹여 새끼를 키우며 피부에 털이 난 경우가 많다. 그래서 인간은 포유류에 속한다.

이처럼 척추동물은 크게 다섯 그룹으로 분류된다. 정확히 나누면

멍게. 오른쪽이 유생이다. 올챙이형 유생이라 불린다. 성체가 되면 운동기관이 없어진다. (사진: 도쿄대학 의학부)

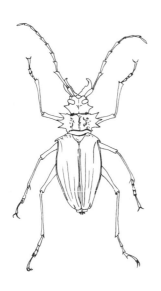
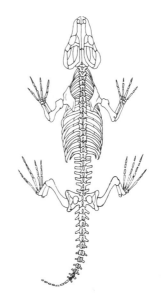

곤충과 척추동물은 동물 중에서도 가장 성공한 그룹이다. 양쪽 다 단단한 골격을 가지고, 진행 방향 쪽에 머리가 있으며 좌우 대칭형이다. 곤충에서는 바깥쪽의 딱딱한 껍질이 골격의 역할을 한다.

몇 가지가 더 있지만, 여기서는 더 이상 자세히 나눌 필요가 없다. 이런 척추동물은 곤충이나 조개, 지렁이 등과 달리 등뼈라는 큰 특징을 공유한다. 그러니까 이 다섯 가지 그룹에 속하는 척추동물은 등뼈에 해당하는 구조를 가진 같은 조상으로부터 차츰차츰 갈라지게 되었을 것이라고 알려져 있다. 척추동물은 아주 어린 태아일 때 반드시 척색을 가진다. 척색은 얼마 안 있어 등뼈로 변하는데, 이것을 보더라도 척색을 가진 멍게의 유생과 비슷한 동물이 척추동물의 조상이었다고 생각할 수 있다.

해부를 공부하려면 인간만 알아서는 안 된다. 이처럼 우리 몸의 큰 특징만 생각할 때조차 동물의 몸도 함께 알아야 한다. '그런 것까지 알아야 하다니, 귀찮게.' 물론 그렇게 생각한다면 어쩔 수 없다. 동물에 대해 알지 못한다 해도 의사가 될 수는 있다. 하지만 동물에 대해서도 안다면 인간의 몸을 더 자세히 알게 되는 것은 분명하다.

좀 더 알면 뭐가 다르다는 거지? 필요한 것만 알면 되지 않을까? 이렇게 생각할 수도 있다. 하지만 살아가는 데 필요한 지식이라면 동물도 잘 알고 있다. 동물이라도 나름의 지식으로 살고 있다. 그것으로 충분하다면 그래도 좋다. 하지만 인간은 알려고 한다. 그것에는 한계가 없다. 설령 한계가 없다 해도 끝없이 알려는 것이 인간이다.

그러면 해부는 왜 생겨났을까? 그 마지막 이유가 이것이다. 인간은 무엇이든 알려고 하고, 알고 싶다고 생각하기 때문이다. 인간은 자신의 몸을 알려고 한 것이다. 모든 학문은 '알고 싶다'에서 비롯된다.

4장

누가 해부를 시작했나

일본의
첫 해부

무슨 일에든 처음이란 것이 있다. 일본에서 가장 먼저 해부를 한 사람은 어디에 사는 누구였을까? 해부를 했으면 해부된 사람도 당연히 있을 텐데, 그는 도대체 어디의 누구였을까?

그 내용은 기록으로 분명히 남아 있다.

일본에서 처음으로 관에서 허가를 받아 해부가 시작된 것은 에도 시대 중기 무렵이다. 1754년, 당시 연호로 말하면 호레키(宝暦) 4년으로 지금부터 260여 년 전의 일이다. 장소는 교토였다.

그런데 그게 왜 중요하냐고?

이래서 곤란하다는 것이다. 오래된 이야기는, 말하자면 끝나버린 일이다. 이미 끝나버린 이상, "그래서 뭐가 문제란 말이지?"라는 질문에 대답할 수 없다. 이제 와서 뭘 어떻게 할 수는 없다.

젊을 때는 역사의 재미를 좀처럼 알지 못한다. 젊은 사람은 태어나서 지나온 햇수가 그다지 많지 않다. 그래서 자신의 역사가 거의 없다. 자신에게 없는 것을 쉽게 이해할 수는 없다. 하지만 그것이 또 젊음의 좋은 점이기도 하다.

자, 그러니까 그런 식으로 말하지 말고, 오래된 옛이야기라도 좀 들어주기 바란다.

해부가 시작된 것은 당시로서는 말하자면 엄청난 사건이었다. 왜냐고? 해부는 굉장히 오랜 시간 동안 금지되어왔기 때문이다. 언제, 누가 금지했을까? 다이호율령(大寶律令)이라는 것이 있다. 이 율령 체계는 중국의 체계를 따라한 것인데, 702년에 만들어졌다. 쉽게 말해 일본의 법률을 총괄한 것이라고 할 수 있다. 그런데 그곳에 해부하면 안 된다고 쓰여 있다. 아니, 쓰여 있었던 모양이다. 그로부터 에도 시대 중기까지 약 천 년 동안 해부는 '해서는 안 되는 것'으로 쭉 금지되었다. 그러니까 어떤 대단한 인물이 등장하여 '해부는 해서는 안 되는 것'이라고 딱 꼬집어 말한 것이 아니다. 그래서가 아니라, 그저 그때 이후의 모든 사람들이 해부는 해서는 안 되는 것이라고 생각한 것이다.

처음으로 해부를 한 사람은 야마와키 도요(山脇東洋)라는 의사였다. 당시의 사형은 보통 참수, 즉 칼로 목을 자르는 형벌이었다. 그래서 일본의 첫 해부에는 목이 없는 시체가 사용되었다.

'사형을 당할 정도니 어지간히 나쁜 짓을 했겠군.' 그렇게 생각할지도 모르지만, 그게 그리 간단히 생각할 일은 아니다. 당시에는 사형을

해부학 교실에 오신 걸 환영합니다

당하는 이유 중에 관리에게 거짓말한 죄, 남을 협박하여 돈을 뜯어낸 죄 같은 것이 있었다. "아니, 그런 애라면 우리 학교에도 있잖아. 선생님한테 거짓말하고, 애들을 윽박질러 용돈을 빼앗는 애들 말이야." 그런데 에도 시대에는 그런 일로 사형을 당했다.

에도 시대에는 형이 무거워서 도둑질을 해도 사형을 당했다. 그러니 아마 사형이 많았을 것이다. 도요는 그 사형장에 가서 해부를 지시하고, 그 해부를 눈으로 '보았다.'

그럼 누구에게 지시해서 그걸 시켰을까?

에도 시대의 일이다. 처음에 의사는 사형을 당한 사람의 시체를 정리하거나 실제로 해부하는 일은 하지 않았다. 그 일은 형장에서 일하는 사람이 하게 되어 있었다.

도요의 첫 해부는 매우 유명해져서, 그 뒤로 해부는 일본 전역으로 퍼졌다. 그래서 야마와키의 해부는 일본에서 처음이 되었다.

그러면 야마와키 도요는 왜 해부를 하려고 했을까? 도요가 쓴 『조시(藏志)』라는 책에 그에 관한 과정이 어느 정도 나와 있다. 이 책은 해부가 실행되고 5년 후에 출판되었다. 어째서 5년이나 걸렸을까? 이유는 알 수 없다. 하지만 그때는 의사는 물론 많은 사람들이 '해부는 말도 안 되는 소리'라고 생각했던 시대다. 책을 쓰려고 한 도요는 진지했을 것이며, 그러니 이상하게 생각할 일도 아니다.

야마와키 도요는 오랫동안 의사로 살면서 인간의 몸에 대해 여러 가지 의문을 가지게 되었다. 그때는 물론 한방의 오장육부설이 상식인 시대였다. 하지만 도요는 그 설이 정말로 맞는지 어떤지 의문스러

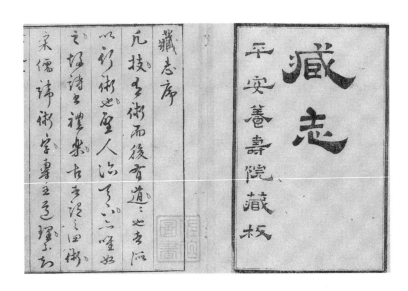

『조시』와 야마와키 도요. 도요는 한방 의사
중에서도 고방파(古方派)로 불리는 유파에
속한다. 고방파는 스스로의 관찰과 경험을
중시했다. (도판: 준텐도대학 의사학연구실)

웠다. 자신이 직접 사람의 몸을 해부해 오장육부가 있는지 확인한 것이 아니기 때문이다.

어느 날, 도요가 존경하는 고토 곤잔(後藤昆山)이라는 의사가 그가 사는 근처로 오게 되었다. 도요는 그를 만나러 갔다. 물론 그 시대에는 택시도 지하철도 비행기도 없었다. 전화도 없었으니 사람을 만나기가 쉬운 일이 아니었다.

도요는 곤잔에게 자신이 오랫동안 인간의 몸속이 어떻게 되어 있는지 보고 싶다는 생각을 해왔다고 털어놓았다. 그러자 곤잔은 자신도 예전부터 그런 생각을 했다고 대답했다. 그러면서 이렇게 말했다. "해부는 오래전부터 법률로 금지되어 있으니 그렇게 간단히 인간을 해부할 수는 없습니다. 하지만 오래전 중국의 책에서 수달의 내장이 인간의 것과 비슷하다고 쓰여 있는 걸 읽고 저는 수달을 몇 번인가 해부해본 적이 있습니다. 그러니 선생도 수달을 해부해보면 어떻겠습니까?"

도요는 그의 의견을 받아들여 수달을 해부해본 것 같다. 인간이라면 그때나 지금이나 얼마든지 있지만, 수달은 지금 매우 보기 드문 동물이 되었다. 요즘은 시코쿠 지역의 일부에서 수달의 배설물이 발견되기라도 하면 신문 여기저기에 기사로 실리며 큰 화제가 될 정도다. 그러나 그 시절에는 수달이 꽤 많이 있었던 것 같다. 하지만 수달은 역시 인간과는 다르다. 그것으로는 도저히 만족할 수 없었던 도요는 오랫동안 인간을 해부할 기회를 엿보았다.

그러던 중 마침 지금의 후쿠이 현(縣)인 와카사노(若狹)의 오바마

(小浜) 번(藩)의 번주 사카이 다다모치(酒井忠用)라는 사람이 교토쇼시다이(京都所司代, 근대 일본의 교토에 설치된 행정기관—옮긴이)를 맡게 되었다. 말하자면 교토를 다스리는 가장 직위가 높은 사람이 된 것이다. 그런데 도요의 제자 중에 이 오바마 번에서 의사로 일하는 사람이 있었고 그 연줄을 이용해 도요가 번주인 사카이 다다모치에게 해부를 허락해달라고 부탁했다고 한다.

부탁한 쪽도 대단하지만, 부탁을 들어준 쪽도 그에 못지않다. 당시의 상황을 고려하면 그런 생각이 든다. 그토록 엄격히 금지된 것, 그것을 허락하고 또 실행했다는 것은 그만큼 중요한 일이라는 강한 신념과 큰 용기가 있었다는 것이다. 지금도 쉽게 할 수 있는 일이 아니다. 현대의 장기이식을 생각해보더라도 잘 알 수 있다.

『조시』에는 도요가 해부를 통해 무엇을 알고 싶어 했는지, 그 이유가 쓰여 있다. 오장육부 안에는 대장과 소장이 포함되어 있다. 도요는 이 둘은 구별할 수 없을 것이라고 생각했다. 하지만 실제로는 대장과 소장은 확실히 구별되어 있다. 도요의 생각은 잘못된 것이다. 도요는 실제로 해부를 하고 나서도 여전히 대장과 소장은 확실히 구별할 수 없었다고 책에 썼다.

사실 대장과 소장은 눈으로 보아도 확실히 구별할 수 있다. 도요가 왜 알아보지 못했는지 그 이유를 지금으로서는 알 수 없다. 실제로 해부를 처음 해보는 것일 테니, 모르는 것이 여러 가지 있는 게 당연할 테다. 아무리 의사라도 쉰 살이 될 때까지 한 번도 해부해본 적이 없었으니, 인간의 몸속을 보아도 뭐가 뭔지 알 수 없었는지도 모른다.

해부학 교실에 오신 걸 환영합니다

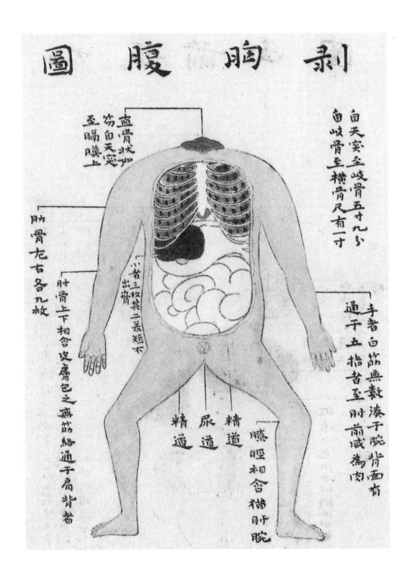

圖 腹 胸 剥

白天突至岐骨五十九分
自岐骨至横骨尺有一寸

手者白筋無數湊于腕背面有
通于五指者至肘前咸爲肉

直骨狀如
竹白天突
至膈膜上

肋骨左右各九枚

肘骨上下相合皮膚包之無筋絡通于肩背者

小者三枚其二姜短不
出臍

精道
尿道
精道

膝眼相合貓肿腕

1754년 일본에서 처음으로 관의 허락을 받은 해부가 실시되었다. 야마와키 도요의 저서 『조시』에 나온 그림이다. 여전히 꽤 간략하게 그려져 있다. (도판: 준텐도대학 의사학 연구실)

고쓰가하라에서
벌어진 해부

도요가 처음으로 해부를 실시한 뒤로 해부는 일본 전국으로 서서히 퍼져갔다. 예를 들면 지금의 야마구치(山口) 현인 조슈(長州)의 하기(萩) 번이나 나가사키(長崎) 현의 히라토(平戶) 번에서 일어났다. 또 16년 뒤에는 같은 교토에서 가와구치 신닌(河口 信任)이라는 의사가 목이 없는 사체 두 구와 머리 하나를 받아서 해부했다.

도요가 해부한 지 17년이 지난 다음, 전국으로 퍼진 해부의 물결은 마침내 에도에까지 다다랐다. 그것이 바로 스기타 겐파쿠(杉田玄白)가 참가한 유명한 해부다. 나중에도 말하겠지만, 에도에서도 이미 형장에서 해부하는 장면을 본 의사들은 있었다. 다만 역사적으로 후세대에 미친 영향을 생각하면, 겐파쿠가 참가한 해부가 가장 유명하다.

스기타 겐파쿠의 지인 중에 에도의 행정을 관장하던 사람의 가신

해부학 교실에 오신 걸 환영합니다

이 있었다. 어느 날, 그가 스기타 겐파쿠에게 다음 날 고쓰가하라에서 해부가 있을 것이라는 소식을 전했다. 고쓰가하라는 에도에 있는 형장 중 한 곳이었다. 지금의 도쿄 아라카와(荒川) 구 미나미센주(南千十) 부근이다. 그는 겐파쿠에게 그것을 보러 가지 않겠냐고 물었다.

겐파쿠도 야마와키 도요 같은 의사들이 교토에서 해부를 했다는 사실을 당연히 알고 있었다. 겐파쿠는 네덜란드 의학에도 흥미가 있었다. 네덜란드인이 에도에 왔을 때, 겐파쿠는 그들이 머물고 있는 곳으로 통역과 주변 사람을 데리고 가서 여러 지식을 얻으려고 했다. 그뿐 아니라 겐파쿠는 네덜란드어로 쓰인 해부에 관한 책을 손에 넣기도 했다. 책을 가지고 있던 겐파쿠는 자신도 어떻게든 해부하는 모습을 보고 싶었다. 그래서 그는 기꺼이 보러 가겠다고 답했다.

이러한 과정은 스기타 겐파쿠의 『난학사시(蘭學事始)』라는 책에 자세히 나와 있다. 이 책은 꼭 읽어보는 것이 좋다. 그건 그렇고 편지가 도착한 때가 메이와(明和) 8년 3월 3일, 서력으로 1771년 4월 17일이다. 그리고 해부는 그 다음 날 했다고 나와 있다.

그런데 연도는 맞는데 왜 날짜가 다르지?

그것은 옛날의 '달력', 즉 음력으로 표기되어서 그렇다. 옛날의 책을 읽을 때는 날짜를 지금과 같다고 생각하면 안 된다. 지금 우리가 사용하는 '달력'은 옛날의 것과는 다르다. 그래서 옛날 일을 설명하기가 번거로울 때가 있다. 책을 그대로 옮기기만 해서는 날짜가 어긋난다. 옛날에는 윤년과 함께 윤달도 있었다.

그런데 고쓰가하라에 갔더니, 해부해주기로 약속한 도라마쓰라는 이름의 형장 직원이 병이 나서 오지 않았다. 그 대신 도라마쓰의 조부라는 사람이 와 있었다. 아흔 살의 아주 나이가 많은 사람이었지만 해부 경험은 풍부했다. 젊었을 때부터 몇 번이나 해부를 한 적이 있다고 했다.

에도 시대에는 해부를 '부(腑) 나누기'라고 말할 때가 많았다. 물론 오장육부의 '부'를 말한다. 혈관이나 신경, 근육은 오장육부에 포함되지 않는다. 다시 말해 한방, 즉 중국 의학은 앞에서 설명한 장성계를 중심으로 생각했고, 체성계는 거의 고려하지 않았다. 그래서 해부한다는 것은 '내장을 본다'는 말과 비슷한 의미로 쓰였다. 가슴과 배를 갈라 그 안에 있는 내장을 본다. 그래서 '부 나누기'라고 한 것이다.

스기타 겐파쿠 이전에도 형장까지 와서 형장 직원이 부를 나누는 모습, 즉 간단한 해부 장면을 본 의사가 몇 명 있었다. 다만 그들은 오장육부밖에 몰랐다. 그래서 자신이 보고 있는 것이 무엇인지도 몰랐다. 도라마쓰의 조부 같은 사람이 "이것이 심장, 이것이 간장, 이것이 위……" 하면서 하나하나 알려준다. 그 말을 듣고 "아아, 그렇군", "난 해부하는 걸 직접 보고 확인했어"라고 말했을 뿐이다.

그날 겐파쿠는 『타펠 아나토미아』(독일 의사 요한 아담 쿨무스가 쓴 해부도보 『Anatomische Tabellen』을 네덜란드어로 번역한 책─옮긴이)라고 불린 네덜란드 해부학서를 가지고 있었다. 네덜란드어를 전혀 읽을 수 없었지만 책에는 그림이 많이 실려 있었다. 도라마쓰의 조부가 해부하면서 들려준 설명에 책의 그림과 실제 사체를 비교하던 겐파쿠는 『타펠 아나토미아』에 실린 그림이 놀랄 만큼 정확하다는 것을

『타펠 아나토미아』의 표지 그림. 스기타 겐파
쿠가 고쓰가하라의 해부를 견학할 때 가지고
있던 책이다. 이를 번역한 책이 『해체신서』다.

알게 되었다. 그는 정말로 그것이 놀라웠던 모양이다.

혹시나 해서 말하지만 『타펠 아나토미아』라는 제목을 가진 책은 없다. '타펠'은 네덜란드어에도 독일어에도 있는 말이다. 영어로는 table, 즉 표나 도표를 뜻한다.

'아나토미아'는 라틴어로 '해부'라는 뜻이다. 그러니까 『타펠 아나토미아』는 '해체도표'라는 뜻인데, 사실 네덜란드어와 라틴어가 함께 붙어 만들어진 이상한 표현이다. 이것은 겐파쿠를 비롯해 의사들이 사용한 통칭, 즉 '별명'이었던 것 같다. 겐파쿠가 가지고 있던 책은 독일인 요한 아담 쿨무스(Johann Adam Kulmus)가 쓴 해부 교과서를 네덜란드어로 번역한 책이었다.

도라마쓰의 조부가 해부를 끝내고 난 뒤, 겐파쿠는 집으로 돌아가는 길에 완전히 흥분해 있었다. 함께 '부 나누기'를 본 친구 의사들과 이야기를 나누었다. 지금까지 자신은 나름대로 의사로서 일해왔다. 영주도 진찰하고 치료해야 했다. 그런데도 인체 내부에 대해 아무것도 모르는 것과 다름없었다. 자신이 생각하기에 네덜란드의 학문은 굉장했다. 세세하게 그리고 정확하게 인체를 이해하고 있었다. 책에 나온 그림만 볼 수밖에 없지만, 만약 글까지 읽을 수만 있다면 이 세상에 얼마나 도움이 될 수 있을까? 네덜란드어를 전혀 모르고 처음 보는 글자로만 쓰여 있으니 이해한다는 건 대단히 어렵겠지만, 아무리 어렵다 한들 어차피 인간이 한 일이다. 열심히 노력해서 알려고 한다면 이해하지 못할 것도 없지 않겠나.

해부학 교실에 오신 걸 환영합니다

좋은 일은 서두르라는 말도 있다. 겐파쿠는 집으로 돌아오는 길에 의사들과 의논해 해부가 있었던 다음 날부터 친구들과 함께 『타펠 아나토미아』 번역을 시작했다. 스기타 겐파쿠라는 사람은 실천력도 굉장했지만 성격도 꽤 급한 사람이었던 모양이다. 충분히 상상할 수 있겠지만, 그는 알파벳조차 몰랐다. 그런데 네덜란드어로 된 해부학서를 번역하려 한 것이다. 그 때문에 고생은 이루 말할 수 없었겠지만 그만큼 정말 열심히 했다.

번역이라고는 해도 지금 우리가 생각하는 번역과는 달랐다. 무엇이 다를까? 애초부터 말 그 자체에 '일본어에 없는' 말이 많았다. 요즘의 우리는 그런 경험을 할 일이 많지 않을 것이다. 또 사전도 잘되어 있다. 하지만 겐파쿠가 살던 시대에는 사전조차 없었다.

에도 시대의 해부하는 모습. 사형당한 사체
를 가마니 속에 넣어 옮긴다. 사형당한 몸이
라 목이 없다. 〈여수해부도(女囚解剖圖)〉
(도판: 도쿄대학 의학부 도서관)

물론 지금도 일본어에 없는 말은 새롭게 만들지 않으면 안 된다. 예를 들어 'テレビ(테레비)'라는 것은 일본어에 없었다. 그래서 영어의 television이라는 말을 줄여서 '테레비'라고 했다. 그런데 '테레비'라는 것이 도대체 뭘까? 텔레비전을 모르는 사람이라면 그 말을 듣는다고 해도 뜻을 알 수 없다. 미국인이라 해도 일본어의 '테레비'라는 말을 듣고 "테레비가 뭐예요?" 하고 물을 때가 있다. 영어의 텔레비전을 말한다고 하면 그제야 고개를 끄덕인다. 중국어에서는 텔레비전을 '띠엔시(電視)'라고 한다. 이 말은 일본어로 사용해도 될 것 같기도 하다.

그런데 겐파쿠가 살던 시대에는 그런 식으로 말을 얼렁뚱땅 만들지 않았다. 일본어에 없는 이름이 있으면 그것에 맞게 일본어로 된 말을 제대로 만들었다. 사실 그렇게 만들지 않을 수 없었다.

예를 들어 '신경(神經)'이라는 말이 그렇다. 요즘은 일반적으로 흔히 사용되며 없어서는 안 되는 말이 되었다. 그런데 이 말은 겐파쿠가 그때 번역할 때 만든 말이다. 겐파쿠가 살던 이전에는, 중국 의학은 물론 그것을 받아들인 일본 의학에서조차 누구의 머릿속에도 신경이라는 것이 존재하지 않았다. '신경'이란 '신기(神氣)의 경맥(經脈)'을 의미한다. 지금 생각하면 대체 그게 무슨 말이냐고 할지도 모르지만, 에도 시대에는 학문하는 사람이라면 '신기'라고 하면 바로 이해했고, '경맥'이란 말도 한방에서는 일반적으로 사용되는 말이었다.

또 다른 예로는 '연골(軟骨)'이 있다. 이것도 겐파쿠가 만든 말이다. 역시 그때까지 일본어에는 연골을 나타내는 말이 없었다. 닭튀김을 먹을 때 물렁뼈를 먹어본 경험이 있을 것이다. 그럴 때 "뭘 먹었어?"

하고 누가 물어도, 겐파쿠 이전 에도 사람들은 "뭔가 뼈보다는 말랑 말랑하고 살보다는 단단하고 쫄깃쫄깃한 거야"라고밖에 답할 수 없었다.

연골의 반대말은 '경골(硬骨)'인데, 일본어에서는 자신의 생각이 분명하고 신념이나 의견을 쉽게 굽히지 않는 사람을 나타낼 때 쓰는 말이다. 사실 연골이라는 말 자체는 이미 중국어에 있었는데, 겐파쿠는 그것을 이용해 새로운 말을 만든 것이다. 중국어에서 '軟骨'은 앞에서 말한 '경골'과 반대되는 의미의 말로, 생각이 분명하지 않고 믿을 수 없는 사람을 가리키는 말이다. 지금 우리가 사용하는 '연골'이 가지는 의미는 원래 중국어에는 없었다.

그렇게 알파벳 배우기부터 시작해서 문장의 의미를 생각하고, 없는 말을 만들어내면서 겐파쿠와 동료들은 『타펠 아나토미아』를 하나하나 번역해나갔다. 그것을 완성해서 출판한 것은 고쓰가하라에서 해부가 시행되고 3년이 지난 뒤였다. 이 책이 바로 그 유명한 『해체신서(解體新書)』다. 겐파쿠가 마흔한 살일 때다.

『해체신서』는 네덜란드어를 번역한 책으로 일반에게 알려진 최초의 서적이다. 당시는 외국인 중에서 일본에 출입국이 허락된 사람은 중국인과 네덜란드인뿐이었다. 외국인이 일본으로 자유롭게 출입하는 것이 엄중히 금지되던 시기로, 외국의 학문을 배우는 데에도 많은 제약이 있었다. 그렇기 때문에 『해체신서』는 최초의 의학 번역서이자, 최초의 해부학 번역서라는 의미 외에도, 난학(蘭學), 즉 서양의 학문이 처음으로 일본어로 제대로 소개되었다는 점에서 큰 의의를 지

해부학 교실에 오신 걸 환영합니다

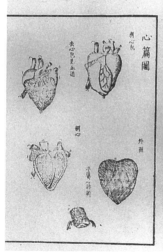 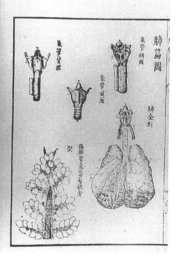

『해체신서』와 그림. 스기타 겐파쿠와 동료들
이 네덜란드의 해부학서를 번역한 것이다.
이 책의 도움으로 서양의 해부 지식이 일본
에 알려졌다. (도판: 도쿄대학 의학부 도서관)

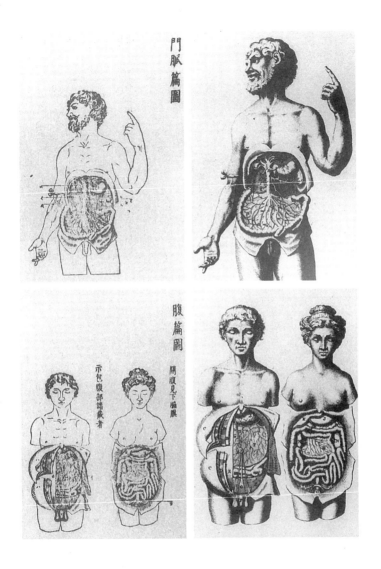

『타펠 아나토미아』와『해체신서』의 그림을
비교한 것이다. 대부분은 비슷해 보이지만,
중요한 차이가 하나 있다.『해체신서』의 그림
은 전부 윤곽선으로 그려져 있는데,『타펠 아
나토미아』의 그림에는 윤곽을 나타내는 선
이 없다.『타펠 아나토미아』는 오히려 사진에
가까운 느낌의 그림이다.

닌다. 스기타 겐파쿠가 쓴 책 『난학사시(蘭學事始)』에 이러한 과정이 소개되어 있다. 난(蘭)이란 화란(和蘭)을 줄여서 나타낸 말로, 화란은 네덜란드를 뜻한다.

옛것을
바라보는 관점

그래서 그 이후로 해부학은 '난학'이 되었다. 말하자면 일반 사람들은 해부학을 서양의 학문으로 여기게 된 것이다. 스기타 겐파쿠도 그렇게 생각했다. 자신의 책 이름을 '해부사시'가 아닌 『난학사시』라고 붙였다. 하지만 잊지 않기 바란다. 야마와키 도요는 말할 것도 없이, 스기타 겐파쿠 역시 『해체신서』를 번역하기 전까지는 특별히 난학을 연구하는 학자가 아니었다. 그저 평범한 의사였다. 그러니까 그 무렵에도 사회에서는 평범한 의사가 해부학에 관한 지식을 꼭 갖추어야 한다고 생각한 것이다. 그것이 '시대'라는 것이다.

물론 겐파쿠 자신은 그것을 알아차리지 못했다. 『난학사시』는 겐파쿠가 여든두 살 때, 1815년에 집필한 책이다. 메이지 원년인 1868년까지는 아직 53년이라는 시간이 남아 있다. 이 책에서 겐파쿠는 『해

해부학 교실에 오신 걸 환영합니다

체신서』를 번역할 때만 해도 난학이 지금처럼 이렇게 융성해지리라고는 전혀 생각하지 못했다, 그래서 난학이 자연스럽게 발전해나갈 시기가 온 것이 아니었을까, 하고 서술하고 있다.

아마 그럴 것이다. 역사 속에 있는 사람이 항상 자신의 모습을 그 속에서 볼 수 있는 것은 아니다. 겐파쿠도 그랬을 것이다. 겐파쿠는 고쓰가하라에서 인간의 부를 나누는 모습을 보았다. 하지만 그때까지 그곳에서 부를 나누는 모습을 보았던 다른 여러 의사와는 달리 『타펠 아나토미아』를 꼭 번역해야 한다고 굳게 마음먹었다. 그래서 온힘을 다해 번역했다. 그 자체가 시대였다. 즉 겐파쿠가 살던 에도 시대에는 이미 서양의 학문을 받아들여도 좋다는 사회적인 준비가 마련되어 있었다. 그보다 50년 전이었다면 그런 서양 학문을 받아들인다는 것은 말도 안 되는 소리였다. 그뿐만이 아니다. 그런 식의 사고가 퍼져 있는 사회에는 처음부터 겐파쿠 같은 사람이 태어나지도 않았다.

그렇게 해서 먼저 야마와키 도요가 등장한다. 도요는 난학을 거의 알지 못했다. 서양의 해부학서를 가지고 있었던 것 같지만, 그것을 번역하려고는 하지 않았다. 생각조차 못 했을 것이다. 하지만 해부를 하고 싶었고, 해야만 한다는 생각은 가지고 있었다.

도요나 겐파쿠가 태어난 때는 에도 시대였다. 그러면 이들의 사고에 영향을 미친 것은 무엇이었을까? 그것은 그전의 에도 학문이다. 예를 들면 오규 소라이(荻裕徂徠)의 사상이다.

오규 소라이는 뭐 하는 사람이지? 이름이 정말 특이한데? 그렇다. 이름이 무척 어렵지만, 어려운 건 이름만이 아니다. 소라이의 학문은 한학이다. 즉 한문을 공부하는 것이다. 그중에서도 고학(古學)이다. 한학 중에서도 특히 오래된 것을 중요하다고 생각했기 때문이다. 그런 오래된 한문을 공부한다고 무슨 도움이 되지? 그런 건 아예 읽을 수도 없지 않나?

그런데 그것이 도움이 된다. 야마와키 도요도, 스기타 겐파쿠도 오규 소라이의 학문에서 영향을 받았다. 도요는 마흔 살이 되어 처음으로 소라이의 학문을 알았다. 그때, 아아 이런 생각이 있었단 말인가? 하고 도요는 감탄했다. 그리고 자신이 넓고 넓은 바다로 나아간 듯한 기분이 들었다고 했다. 그로부터 10년 뒤, 도요는 마흔아홉 살이 되어 처음으로 해부를 자신의 눈으로 직접 보았다. 소라이의 영향이 컸다.

오래된 것을 중요시한다는 말은 오래된 것을 있는 그대로 놓아둔다는 의미가 아니다. 오래된 것을 바라보는 법, 그것을 끝까지 파고들어 가면, 거기에서 새로운 것을 알게 된다. 학문은 진리를 추구하는 것이다. 예나 지금이나 변함없이 성립하는 것, 그것이야말로 진리다. 그렇기 때문에 오래된 것을 추구하는 것에는 의미가 있다. 이야기가 좀 어려운가? 하지만 여러분도 야마와키 도요처럼 마흔 살이 돼서 번쩍하고 깨닫게 될지도 모른다.

어쨌든 도요든 겐파쿠든 천재는 갑자기 나타나지 않는다. 학문에는 그 나름의 전통, 즉 역사가 있다. 후대 사람들은 앞 시대의 조상이 이룬 일에 자신의 일을 쌓아나간다. 그것을 아는 것이 역사를 배우는 의미이다. 젊은이들은 아직 이 말이 실감나지 않을지도 모른다. 하지만 언젠가는 알게 된다.

해부학 교실에 오신 걸 환영합니다

도요나 겐파쿠의 노력으로 기초가 만들어진 일본의 해부학은 메이지 시대가 되면서 서양 학문이 공식적으로 받아들여지면서 의과 대학의 정식 수업 과목이 되었다. 그리고 현재에 이르기까지 계속 이어졌다.

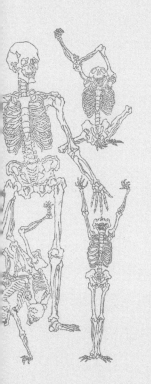

5장

무엇이 인체를 만드는가

물질을
만드는 단위

인체를 분리한다. 그렇게 하나하나 해체해가면 마지막에는 어떻게 될까?

해부에서는 인체를 뼈, 근육, 신경, 혈관, 내장 등으로 분리한다. 그 것을 다시 더 세세하게 나눈다. 그렇게 하면 나중에 그 단위는 세포가 된다. 세포는 거의 눈으로 볼 수 없을 만큼 작다. 그 세포를 다시 분리한다.

그렇게 세포는 눈에 보이지도 않을 만큼 작은데, 그것을 더 잘게 분리할 수 있나? 물론 그렇게 할 수 있다. 잘게 부수면 된다. 물론 절구로 갈아서 잘게 부술 수도 있겠지만 좀 더 과학적인 방법도 있다. 사용하는 도구는 다르지만, 잘게 부순다는 건 마찬가지다. 어쨌든 철저하게 갈아 부순다. 그러면 인체는 어떻게 될까?

분자가 된다. 물론 분자는 눈에 보이지 않는다. 눈에 보이지 않는데 분자가 되었다는 걸 어떻게 알 수 있을까?

사실을 말하면 아무리 잘게 부순다고 해도 좀처럼 개개의 분자로 는 되지 않는다. 분자 몇 개의 '덩어리'가 될 뿐이다. 그래도 생각하기 에 따라서는 분자가 되었다고 봐도 좋다. 예를 들면 우리가 항상 마시 는 물이 그렇다. 인체의 70퍼센트 이상은 물이다. 그렇다면 물을 인체 의 일부로 봐도 좋다. 물은 물의 분자가 모인 것이다. 그것을 하나하 나 분자로 분리하려면 어떻게 해야 할까? 증발시키면 된다. 증발하 면 서로 딱 달라붙어 있던 물 분자가 하나하나 완전히 분리되어 하나 씩 제멋대로 날아가버린다. 그것을 모아 차게 하면, 또 모여서 물이 된다.

그러면 눈앞에 있는 책상을 하나하나 자르고 부수면, 마지막에는 어떻게 될까? 역시 분자가 된다.

지금 손에 쥐고 있는 칼, 이것은 어떨까? 이것도 역시 분자가 된다.

이렇게 오늘날의 과학은 사물, 즉 물질을 실제로 분해했을 때 마지 막에 남는 가장 작은 단위를 분자로 본다. 그러니까 인체도 근본적으 로는 분자의 집합이라고 생각하는 것이다.

그러면 분자를 만들고 있는 것은 무엇일까? 예를 들어 물 분자, 이 것을 화학에서는 H_2O라고 쓴다. H는 수소 원자고, O는 산소 원자다. 그러니까 물 분자는 수소 원자 2개와 산소 원자 1개로 이루어져 있다.

그렇다면 원자는 뭘까? 원자는 '물질을 만들고, 구체적인 기본단위 인 분자를 만드는 기본단위'이다. 이해가 가는가?

해부학 교실에 오신 걸 환영합니다

쉽게 말하면, 분자는 원자로 이루어져 있다. 앞에서 말한 물 분자의 예와 마찬가지다. 예를 들어 포도당은 $C_6H_{12}O_6$이다. 즉 포도당 분자 하나는 탄소 원자 6개, 수소 원자 12개, 산소 원자 6개로 되어 있다. 그러니까 포도당을 태우면 물 분자 6개가 생기고, 또 탄소 가스 분자 CO_2가 6개 생기고 포도당 분자는 사라진다. 다만 산소 분자 O_2 6개를 더해야 한다. 태우려면 산소 분자가 필요하다는 것은 알 것이다. 계산해보면 원자의 수가 딱 맞아 떨어진다.

원자는 그 종류의 수가 정해져 있는데, 100개 정도밖에 없다. 100개라는 건 알겠는데, 어째서 거기에 '밖에'라는 말을 붙인 걸까? 그 이유는 '조금' 어렵다. 수소같이 가벼운 원자도 있지만, 그에 비해 대단히 무거운 원자도 있다. 그 무거운 쪽의 원자에 좀 문제가 있다. 지구 위의 평범한 상황에서는 존재하지 않는다. 그런 원자도 있기 때문이다. 이 이야기는 이 정도로 해두자. 어쨌든 그 100개나 되는 원자의 종류를 이리저리 조합하면 분자가 생긴다. 같은 분자를 연결할 수도 있기 때문에, 실제로 분자의 종류는 셀 수 없을 만큼 많다.

물질은 근본적으로는 원자로 이루어져 있다. 그러면 빛은 어떨까? 또 전기는 어떨까?

빛이나 전기는 사물, 즉 물질이 아니다. 그렇기 때문에 이건 또 다른 이야기다. 그럼 도대체 그것은 무엇일까? 사물과는 아무런 관계가 없는 것인가? 물론 그렇지는 않다. 사물을 태우면 빛이 나오고, 열이 생긴다. 마지막에 그 사물은 재가 된다. 그렇다면 무슨 관계가 있을 것이다.

빛은 광양자로 이루어져 있다. 전기는 전자로 되어 있다. 광양자도 전자도 소립자의 한 종류다. 소립자는 뭐지?

소립자는 물질의 진짜 기본단위를 말한다. 사실은 원자도 전자나 양자나 중성자라고 하는 소립자로 이루어져 있다.

그런데 앞에서 인체는 분자로 이루어져 있다고 말하지 않았나? 물론 그렇게 말했다. 또 그 분자는 원자로 이루어져 있다고 말했다. 그렇다. 그리고 그 원자는 소립자로 되어 있다고 한 것 같은데. 그것도 맞다. 그럼 그 소립자는 무엇으로 이루어져 있는 거지?

그러니까 소립자는 모든 것의 기본단위이고, 그것으로 끝이다.

정말로 끝인가?

그렇다고 생각한다.

분명히 그 이상은 더 없는 게 맞는 건가?

그러니까 말하자면, 소립자의 종류가 지금으로서는 너무 늘어나는 바람에 그것을 어떻게든 정리해보려고 하는데, 그렇게 하면 혹시 또 다른 단위가……

아아, 그렇다면 그 정도로 충분하니까, 그만 설명해도 될 것 같다.

그러니까 과학에서는 이런 식으로 물질의 단위를 나누어간다. 원자 정도까지는 어떻게든 나눌 수 있지만, 그보다 더 나아가면 또 문제가 생긴다. 어찌 됐든 작아도 너무 작아지기 때문이다. 도대체 얼마나 작기에 그럴까? 말로는 표현할 수 없을 만큼 작다. 물 분자의 크기가 1밀리미터의 1000만 분의 2 정도이다. 그러니 소립자의 크기라면 더 이상 말하고 싶지 않을 정도다. 그건 스스로 찾아보길 바란다.

세계를
만드는 단위

　그런데 왜 이렇게 점점 작아지는 걸까? 그것은 사물을 이루고 있는
것은 '그보다 더 작은, 더 아래의 단위'라고 생각하기 때문이다. 그 단
위가 모여서 사물을 만든다. 오래전 중국에서는 음양오행설(陰陽五行
說)이라고 해서, 세계는 다섯 개의 원소로 이루어져 있다고 생각했다.
나무, 불, 흙, 쇠, 물, 그래서 오행이다. 이렇게만 되어 있다면 간단해서
좋다. 하지만 이렇게 간단하면 이야기가 발전하지 않을 것이다. 여기
서 조심해야 할 것은 중국식의 단위는 그것이 만들어낸 것보다 꼭 '작
지만은 않다'라는 것이다. 다시 말해 단위와 그것으로 이루어진 것이
동일한 수준에 있다는 뜻이다. 나무든 불이든 물이든 그 자체는 우리
눈에 보이는 것이다. 그렇다면 서양의 단위와는 다르게 점점 작고 세
세해질 필요도 없다.

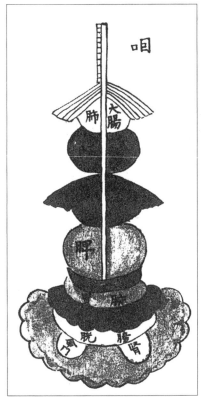

왼쪽은 오래된 한방 의학서에 나온 내장 그림이다. 오른쪽 사진의 가마쿠라 시대에 만들어진 오륜탑(五輪塔)과 무척 비슷하다. 양쪽 다 중국식 단위의 사고방식이 잘 나타나 있다. 옛날 사람들은 인체를 여러 가지 관념으로 이해하려고 했다.

서양과 동양 사이에는 왜 그런 차이가 생긴 걸까? 이유 중 하나는 서양의 말은 알파벳으로 쓰여 있기 때문이다.

뭐라고? 세계가 어떻게 만들어졌는지에 대해 이야기하는데 알파벳이 무슨 관계가 있다는 말이지?

그런데 관계가 있다. 서양의 사고방식에 따르면 정해진 수의 단위가 모이고, 그것이 제대로 나열되어 세계가 만들어졌다. 그렇게 생각하는 것이 당연하다. 왜 그럴까? 그것은 그들이 알파벳을 쓰기 때문이다.

무슨 말인지 알 수가 없다고?

그것을 이해할 수 없는 것은 여러분이 처음부터 알파벳을 사용하면서 자라지 않았기 때문이다. 바꾸어 말하면 처음부터 일본어를 사용했기 때문이라는 뜻이다.

알파벳을 사용하면 뭐가 다르지?

세계는 말로써 표현된다. 그 증거로 신약성서 중 하나인 요한복음서의 가장 첫 부분이 '태초에 말씀이 있었다'로 쓰여 있다. 그 '말씀'은 알파벳으로 쓰여 있다.

여러분은 이 세계를 말로 쓸 수 있다고 생각하는가? 그렇게 생각하지 않을 것이다. 왜냐하면 말로 만들 수 없는 것도 이 세계에는 수없이 많기 때문이다. 하지만 생각해보면, 그저 입을 다물고 말하지 않는 것과 '말로 만들 수 없는 것'은 다르다. 입을 다물고 있다는 것은 말로 표현할 수 없기 때문이 아니다. 말하고 싶지 않기 때문이다. 만약 입을 다물고 있는 게 아니라, 정말로 '말로 만들 수 없는 것'이 있다면,

그것을 남에게 전달할 수 있을까? 아마 어려울 것이다. 하지만 말로 나타낼 수 없는 것은 있다. 물론 있다는 것 자체는 괜찮다. 하지만 그것을 남에게 전할 수가 없다면, 그것은 자신만의 것이 된다. 자신만의 것이라면 이 세계에는 그것이 있든 없든 아무 상관이 없다. 다른 사람과는 아무런 관계가 없기 때문이다. 좀 어렵나?

세계는 말로 표현된다. 이 말은 찬성할 수 있을 것이다. 앞에서도 말했다. 그래서 해부가 발생했다고 말이다. 인체를 말로 표현하려고 하기 때문이다. 인체를 말로 표현하면, 사람의 몸을 하나하나 가져오지 않아도 인체에 관해 설명할 수 있다. 즉 인체를 표현할 수가 있다는 말이다. 세계를 말로 표현하는 것도 마찬가지다. 눈앞에 세계를 굳이 가져오지 않아도 필요한 것을 말로 설명하면 된다. "어제 아버지가 새 차를 사셨어." 그렇게 말하면 '차를 샀다'라는 사실을 전달하기 위해 그 차를 일부러 가져올 필요는 없다.

이 '말로 표현되는' 세계는 몇 개의 단위로 이루어져 있을까? 영어라면 26개의 단위다. 26개는 영어의 알파벳 수다.

그것이 단위와 어떤 관계가 있다는 것일까?

세계는 말로 표현된다. 이 말은 26개의 '정해진 단위만'으로 표현된다는 것이다. 세계 그 자체도 역시 정해진 종류 수의 단위로 이루어져 있으니, 문제없지 않나? 이것이 알파벳을 사용하지 않는 사람들에게는 알기 어려운 부분이다. 인간에게 말만큼 당연한 것은 없다. 그것이 '26개의 단위만'으로 이루어진 것에 익숙한 사람들과, 전부 헤아리면 5만 개나 되는 한자를 사용하는 사람들 사이에는 사고방식에서도 차

해부학 교실에 오신 걸 환영합니다

이가 난다. 특히 이 부분에서 달라지는 것이다.

또 한 가지 중요한 점이 있다.

예를 들어 설명해보자. 영어에서는 개라고 하는 말이 dog이다. 즉 개라는 것은 3단위로 이루어져 있다. d와 o와 g이다. 그 각각의 단위 중, 즉 d, o, g 중에서 개의 일부인 무언가가 포함되어 있는가? 물론 포함되어 있지 않다. 하지만 dog라고 나열하면 불쑥 '개'라는 의미가 된다.

알파벳이라는 것은 그런 식으로 이상한 것이다. 알파벳이라는 '아래의 단위', 그 단위를 제대로 나열하기만 하면 그 안에 포함되지도 않은 '개'라는 의미가 갑자기 튀어나온다. 그래서 알파벳의 세계에서는 사물의 단위가, 자신이 만들어낸 상대방의 성질을 전혀 지니고 있지 않아도 괜찮다.

알파벳의 세계에서 세계는 26개의 단위로 모든 것을 쓸 수 있다. 다만 그러기 위해서는 dog라고 올바른 순서로 단위를 나열해야 한다. 그렇게 해서 나열하면 d에도 o에도 g에도 포함되어 있지 않은 개라는 것이 갑자기 나타난다. 한자의 세계에서는 개라는 글자가 먼저 주어지면, 이것이 바로 개다, 하고 외우지 않으면 안 된다. 그것이 매우 다른 점이다.

알파벳이라는 단위는 dog라는 '단어'보다 하나 더 아래 계층에 있다. 계층이라고 하면 어렵게 들릴 수도 있겠지만, 말하자면 계단의 위아래와 같은 것이다. 생각해보라. 원자는 분자의 하나 아래 계층에 있다. 그러니까 물이라는 분자는 H_2O로 쓴다. 즉 원자는 분자의 알파벳

26개의 글자로 이루어진 알파벳에서

어떤 글자를 골라내

올바른 순서로 나열하면

느닷없이 개가 된다.

에 해당하는 것이다. 그렇다면 소립자는 원자의 알파벳이 된다.

중국에서는 오행설이 통용되었다고 말했다. 나무, 불, 흙, 쇠, 물, 이 것이 세계를 만든다. 이 다섯 가지는 그 어느 것도 '아래 계층'이 아니다. 알파벳을 사용하지 않는 세계에서는 세계가 또 하나의 계층인 '요소', 즉 알파벳으로 이루어져 있다는 사고방식이 없다. 그런 사고방식이 좀처럼 '당연하다'라고 여겨지지 않는 것이다.

다른 식으로 표현해보자. 인체는 몇 종류의 세포로 이루어져 있다. 그 세포를 올바른 순서로 나열하면 인체가 만들어진다. 즉 세포는 인체의 알파벳이다. 당연히 나열하는 방법이 잘못되면 안 된다. odg로는 개가 되지 않는다.

마찬가지로 세포는 분자로 이루어져 있다. 분자를 올바로 나열하면 세포가 만들어진다. 분자는 원자로 되어 있고, 원자는 소립자로 되어 있다. 이렇게 각 단계는 각각의 '하나 더 아래 단계'의 단위를 정확하고 올바르게 나열한 것으로 이루어져 있다. 그것은 단어가 알파벳으로 만들어져 있는 것, 단어를 올바로 나열하면 문장이 되고, 그 문장이 세계를 표현할 수 있는 것과 마찬가지다.

이해했나? 잘 모르겠다면 어쩔 수 없다. 그러다가 조금씩 알게 될 것이다.

인체를
만드는 단위

지금까지 물질을 만드는 단위, 세계를 만드는 단위를 설명했다.

그러면 사람의 몸을 만드는 단위는 무엇일까?

분자 아닌가?

분자는 물질을 만드는 단위다. 인간처럼 '살아 있는 것'이든, 돌처럼 '살아 있지 않은 것'이든 분자로 이루어져 있는 것에는 변함이 없다. 그래서 분자를 인간의 단위로 삼기에는 너무 작다. 지금은 분자생물학이라는 것이 있어서 뭐든지 분자가 될 때까지 생각한다. 하지만 그런 방식으로는 인간과 돌을 확실히 구별할 수 없다. 좀 더 생물다운 단위는 없을까?

그렇다면 당연히 세포일 것이다.

그러면 왜 세포는 생물의 단위일까? 생물이라는 것의 특징을 생각

해부학 교실에 오신 걸 환영합니다

해보면 사실은 세포가 그 특징을 전부 갖추고 있다는 것을 알 수 있다. 다시 말해 그 자체의 특징을 전부 갖추고 있는 가장 작은 '것', 그것이 바로 여기서 말하는 '단위'이다. 세포라는 단위는 생물이 지닌 특징을 거의 다 갖추고 있다.

첫째로 생물은 스스로 증식하여 자신과 같은 것을 만든다. 세포는 자식을 생산하지는 않지만, 분열하고 증식하여 자신과 같은 세포를 만든다.

둘째로 생물은 환경에서 받아들인 것을 에너지나 몸의 성분으로 바꾸고, 필요 없는 것은 밖으로 내보낸다. 세포 역시 마찬가지다.

셋째로 세포는 운동을 한다. 호흡, 소화, 배설 등의 생물이 하는 운동은 대체로 세포 그 자체도 한다. 그래서 '단세포생물'이라는 것이 있다. 하나의 세포로 되어 있고 작기는 하지만 생물이다.

그렇기 때문에 생물의 기본단위는 세포라고 해도 좋다.

세포에 대해서는 나중에 다시 설명하겠다. 그렇지만 세포는 작아서 거의 눈에 보이지 않는다. 현미경이 발명된 것은 1590년이다. 네덜란드의 레벤후크(Anton van Leeuwenhoek)가 현미경으로 적혈구나 정자를 관찰한 것은 그로부터 수십 년이 지난 뒤였다. 그리고 마티아스 야콥 슐라이덴(Matthias Jakob Schleiden)과 테오도르 슈반(Theodor Schwann)이라는 독일 학자가 각각 식물과 동물이 세포로 이루어졌다는 '세포설'을 제창한 것은 그 후로 300년이 지난 19세기에 들어선 뒤였다.

그러면 그때까지 누구도 인체의 단위에 대해 생각하지 않았던 것

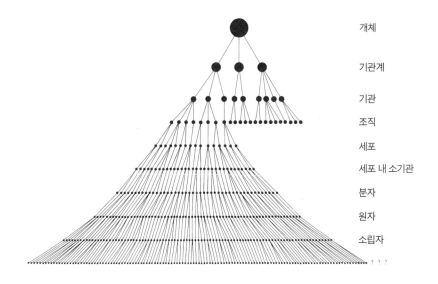

개체

기관계

기관

조직

세포

세포 내 소기관

분자

원자

소립자

? ? ?

세계는 이러한 '계층', 즉 계단구조로 되어 있
다는 사고방식을 나타낸 그림이다. 케스트라
의 홀론. (도판: 『형태를 읽다(形を読む)』, 요
로 다케시에서 인용.)

일까? 물론 그렇지는 않다.

물론 알파벳을 사용하는 서양인들이 인체의 단위를 생각했다. 그러면 누가 가장 먼저 인체의 단위를 생각했을까?

1543년, 안드레아스 베살리우스라는 사람이 『인체의 구조에 관하여』라는 두꺼운 책을 썼다. 이 책은 세로 43센티미터, 가로 28.5센티미터, 두께 7.5센티미터로 무척 멋지게 만들어진 책이다. 하지만 겉모습만 멋진 게 아니다. 내용도 대단히 훌륭하다.

뭐가 그렇게 훌륭하냐고? 베살리우스가 인체의 단위라는 사고방식을 처음으로 이 책에서 표현했다. 인체의 단위를 뭐라고 나타냈기에? 그것이 무엇인지는 쓰여 있지 않다. 하지만 쓰여 있지 않아도 이 책의 삽화를 보면 그것이 무엇인지 알 수 있다.

어떻게 그걸 알 수 있지? 왜냐하면 뼈를 하나하나 그렸기 때문이다. 그때까지 유럽에서 뼈를 그린 그림이라고 하면, 뼈를 모조리 연결해 그린 골격 그림뿐이었다. 그런데 베살리우스는 뼈 하나하나를 정확히 그림으로 나타냈다.

각각의 뼈는 물론 하나의 단위이다. 즉 알파벳이다. 사람의 몸에는 그런 뼈가 약 200개 있다. 그것을 올바른 순서로 정확하게 나열하면 '골격'이 된다. 그러니까 베살리우스는 골격이라는 말을 처음 만든 사람이기도 하다.

그런데 조금 전에 베살리우스 이전에 그려진 것은 '골격' 그림뿐이라고 말하지 않았나?

맞다, 그렇게 말했다. 하지만 그때의 그림에는 '골격'이라는 제목이

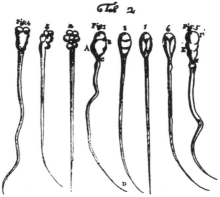

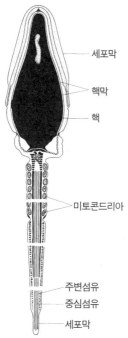

세포막

핵막

핵

미토콘드리아

주변섬유
중심섬유
세포막

위는 레벤후크가 현미경으로 처음 관찰하여
그린 정자 그림이다. 왼쪽은 현재의 해부학
교과서에서 인용한 그림이다(『해부학(解剖
學)』오가와 데이조(小川鼎三), 모리 오토(森
於菟)에서 인용). 지금은 꽤 세세한 부분까지
볼 수 있다.

붙어 있지 않았다. 그저 '인간의 뼈들'이라는 제목이 붙어 있었다. 일본어에는 단수와 복수의 구별이 확실하지 않아서 좀 애매할지도 모르겠다. 어쨌든 베살리우스 이전 시대에는 골격이 아니라 '뼈들'의 그림이었다. '골격'과 '뼈들'은 다르다. 골격은 200개의 뼈 하나하나를 올바른 순서대로 정확히 나열해야만 얻을 수 있는 '특별한' 것, 다시 말하면 '살아 있는' 것이다. d, o, g를 나열하면 갑자기 개가 되는 것과 같다. 하지만 뼈들은 그저 하나하나의 뼈를 '모은' 것에 지나지 않는다. 그 뼈들에서는 나오지 않는 '무언가'가 골격에는 나타난다. 그것을 베살리우스는 '인체의 구조'라고 생각한 것이다. 그래서 책 제목이 『인체의 구조에 관하여』이다.

그렇지만 단지 뼈뿐이라면 죽은 것이 아닌가.

물론 베살리우스는 뼈만으로 인간이 살아 있다고 생각하지 않았다. 뼈나 근육이나 내장, 또 그 밖의 여러 단위, 그것들을 정확히 나열하면 살아 있는 인체를 얻을 수 있다고 생각한 것이 분명하다. 재미있는 것은 그래서 베살리우스가 그린 '골격'은 '살아 있다'는 것이다. 이런저런 설명을 듣기보다 그가 쓴 책에 그려진 그림을 보면 바로 알 수 있다. 각각의 골격을 정말로 살아 있는 듯이 그렸다.

이것이 인체의 단위를 생각한 시초다. 아직 현미경이 나오지 않은 시대였다. 그래서 생물이 눈에 보이지 않는 세포로 이루어져 있다는 희한한 사상도 없었다.

베살리우스가 그린 뼈나 근육이나 내장은 몇 가지나 되는데, 그 하나하나를 기관이라고 부르고 있다. 즉 베살리우스의 시대부터 기관이라는 하나의 덩어리를 단위로 하여, 그 단위를 정확하고 올바르게 나열하면 인체가 만들어진다는 생각이 시작되었다. 각각의 기관은 인체보다는 작지만, 어찌 됐든 눈으로 볼 수는 있다. 그래서 인체 단위의 시작은 기관의 발견이라고 할 수 있다.

인체를 알파벳으로 그린 것, 즉 인체는 '기관'이라고 하는 한 단계 '작은' 단위, 한 단계 '아래'의 단위를 정확한 순서로 나열한 것이라는 것, 인체는 그런 식으로 이루어져 있다는 것, 그것을 분명히 나타낸 사람이 베살리우스다. 그로부터 약 300년 뒤, 인체는 세포로 이루어졌다는 '세포설'이 생겨나고, 또 나중에는 그 세포가 분자로 이루어졌다는 지금의 분자생물학이 된다. 이것은 베살리우스의 '단위'를 더 작게 나눈 것일 뿐이다. 그래서 베살리우스를 근대 해부학의 시초라고 하는 것이다.

안드레아스 베살리우스의 『인체의 구조에 관하여』이다. 표지 그림에는 해부 중인 사체를 앞에 두고 설명하는 베살리우스가 그려져 있다. 3개의 전신 골격 그림이 유명하다. 131쪽의 턱을 괴고 있는 골격 그림에는 '햄릿'이라는 별명이 붙어 있다. 모든 골격이 마치 살아 있는 듯 그려져 있다. 200개의 뼈를 모아서 정확한 순서로 나열하면 이렇게 '골격'이 생겨난다. 그래서 베살리우스의 골격은 이처럼 '살아 있다'.

HVMANI COR-   PORIS OSSIVM
SIMVL COMPACTO-   RVM ANTERIORI
EX FACIE EXPRES-   SIO.

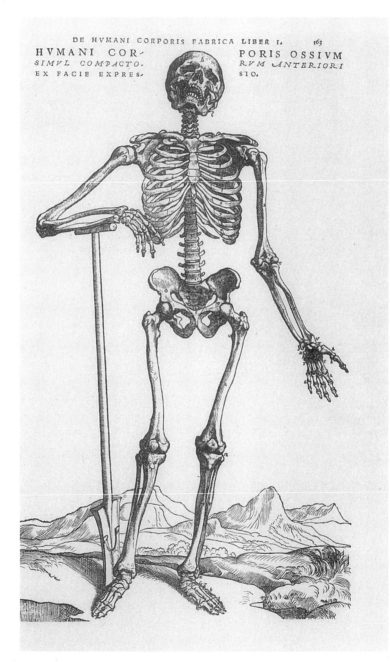

HVMANI COR-   PORIS OSSIVM CAE
TERIS QVAS SV-   *STINENT PARTIBVS*
LIBERORVM, SVAQVE   *SEDE POSITORVM EX*
latere delineatio.

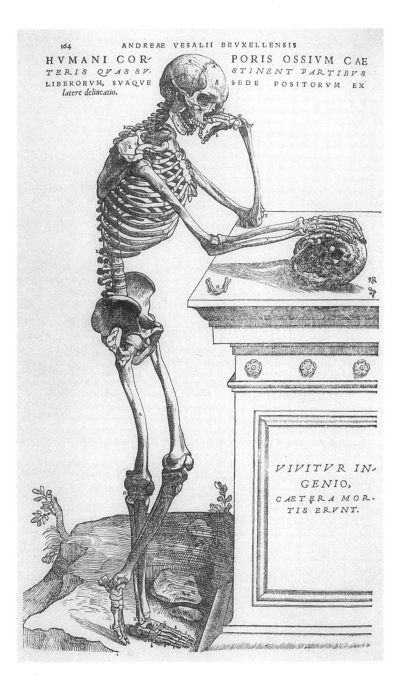

VIVITVR IN-
GENIO,
CAETERA MOR-
TIS ERVNT.

CORPORIS   HVMANI OSSA
POSTERIORI   *FACIE PROPOSITA.*

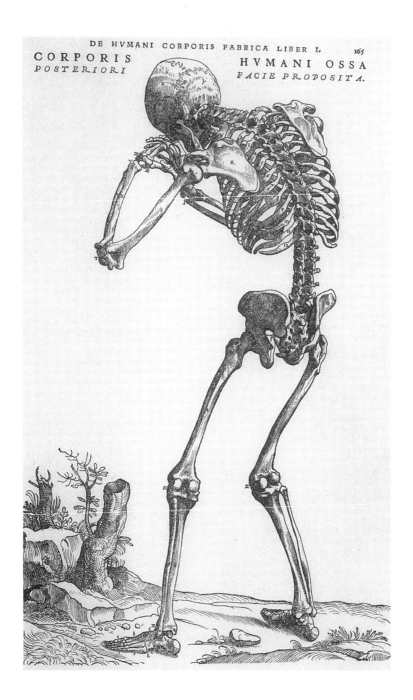

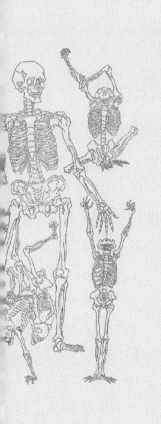

6장

해부의 발전

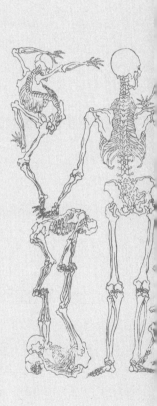

베살리우스와
그시대

안드레아스 베살리우스는 벨기에 태생으로 이탈리아의 파도바에서 의학 교육을 받았다. 『인체의 구조에 관하여』는 스위스 바젤에서 출간되었다. 그러니까 그 무렵의 학문은 이미 국제적이었다는 것을 잘 알 수 있다.

유럽에서 학문이 국가별로 나뉜 것은 그보다 더 뒷날의 일이다. 베살리우스 이후의 시대는 어디에서나 통용되는 '진리'를 추구하는 학문보다는 정치 단위인 국가 쪽이 더 콧대가 높았던 때다. 베살리우스가 살던 무렵에는 유럽 어느 나라 사람이든 학자라면 라틴어로 책을 썼다. 그 무렵에 라틴어는 이미 사라진 고대 로마의 언어였다. 어느 나라도 라틴어를 쓰지 않았다. 그렇기 때문에 오히려 그것을 학문의 언어로 삼는 것이 공평하지 않았겠는가.

『인체의 구조에 관하여』를 썼을 때 베살리우스는 스물아홉 살이었다. 천재다. 그는 그때까지 해부학에서 알려져 있던 사실을 이 책에서 전부 정리했다. 그뿐만이 아니다. 베살리우스 자신도 많은 해부 실험을 하여, 그렇게 젊은 나이에 어떤 위대한 학자에게도 지지 않을 만한 지식과 경험을 지녔다. 야마와키 도요가 살았던 에도 시대와 마찬가지로 그 당시는 유럽에서도 해부가 환영받지 못했다. 의사라 해도 자신의 손으로 직접 해부하는 사람은 매우 드물었다. 그렇기 때문에 실제로 해부를 해보고, 또 그것을 능숙하게 해냈던 젊은 베살리우스가 위대해질 수 있었다.

베살리우스가 살던 무렵에는 대단히 훌륭한 학자 클라우디오스 갈레노스(Claudios Galenos)의 설만을 진실이라고 여겼다. 갈레노스는 로마 시대 사람으로, 당시에도 이미 천 년이나 더 오래전 시대의 옛날 학자였다. 모든 학자가 갈레노스의 설을 책으로 읽고 공부했다. 하지만 실제로 해부해본 사람은 거의 없었다. 갈레노스는 자신의 책에 스스로 직접 사물을 보고 공부하라고 똑똑히 써놓았다. 독자는 자신의 상황에 맞는 부분만 골라서 읽는다는 것을 여기서도 알 수 있다. 하지만 갈레노스 본인도 정작 인간의 몸을 해부해본 적은 없었던 것 같다.

그렇다면 갈레노스는 자신이 쓴 해부에 관한 지식을 어디서 얻었을까? 그건 동물을 해부해서 얻은 지식이었다. 그리고 더 이전의 그리스 시대로부터 얻은 지식이다.

그리스인들은 해부에 관한 지식이 꽤 많았고, 실제로 해부가 이루어졌다. 특히 지금의 이집트에 있는 알렉산드리아라는 마을에는 큰

해부학 교실에 오신 걸 환영합니다

도서관이 있었는데, 전쟁으로 불타버렸다. 해부에 관한 책도 그때 다 타버린 것 같다.

전쟁 때 다 타버렸다면 세계대전을 말하는 건가? 아니다. 거의 2000년 전에 일어난 전쟁에서다.

그렇게 생각하면 일본이든 서양이든 사정은 매한가지인 것 같다. 다시 말해 오장육부 설이 갈레노스의 설인 셈이다. 야마와키 도요가 아닌 베살리우스는 갈레노스의 설에 자신의 관찰과 사상을 입힌 것이다.

베살리우스의 『인체의 구조에 관하여』가 출판된 때는 1543년이었는데, 그해 일본에는 다네가시마(種子島) 섬에 철포가 들어왔다. 물론 철포가 스스로 걸어 들어왔다는 말은 아니다. 그때 마침 철포를 가지고 있던 포르투갈인 두 명이 타고 있던 중국 배가 우연히 난파했는데, 하필이면 그것이 다네가시마 섬으로 흘러들어온 것이다. 그때 아마도 쉰 살쯤 된 꽤 나이가 젊은 다네가시마 영주는 때마침 철포를 보고 대단히 마음에 들어 사들였다. 그러고 나서 일본 전역으로 철포가 퍼졌다. 그래서 예전에는 철포를 다네가시마라고 부르기도 했다. 철포가 퍼진 이야기는 그렇게 마무리된다. 사실 우연이 이렇게까지 겹치고 겹친 이야기는 대체로 어디쯤인가에 거짓이 들어 있게 마련이다. 설령 그 배가 다네가시마에 다다르지 않았다고 해도, 어딘가에서 철포가 유입되었으리라는 것은 틀림없다.

그건 그렇고, 그해는 그렇게 서양인이 처음으로 일본에 도착한 해이기도 하다. 또 유럽에서는 코페르니쿠스의 책이 처음 출간된 해다.

그리고 코페르니쿠스는 그해에 죽었다.

코페르니쿠스가 누구냐고? 지동설을 주장한 사람이다.

"그래도 지구는 돈다"라고 말한 사람은 갈릴레오 갈릴레이 아니었나?

갈릴레오는 1534년에 아직 태어나지도 않았다. 갈릴레오는 망원경을 만들어 직접 천체를 관측했고, 그렇게 관측한 결과를 보고 코페르니쿠스의 지동설을 지지한 것이다.

'지구가 태양의 주위를 돈다'라는 따위의 말은 성서 어디에도 쓰여 있지 않다며 격노한 교회는 그를 재판한다. 코페르니쿠스는 다행히 책이 나왔을 때는 이미 죽었기 때문에 운이 좋았다. 중세 이후의 교회는 그런 문제에 대해서는 대단히 무서운 존재였다. 이단, 즉 교회가 인정하지 않는 사상을 세상에 퍼뜨리려고 하면, 심한 경우에는 불에 타 죽기까지 했다. 그런 사회였으니 구체적인 학문이 좀처럼 발달하지 않았다고 말할 수 있다. 재판에서 갈릴레오는 유죄 판결을 받는데, 재판이 끝나고 나서 "그래도 지구는 돈다"라고 중얼거렸다는 일화가 유명하다.

어쨌든 코페르니쿠스 이전에는 태양이 인간의 주위를 돈다고 생각했지만, 코페르니쿠스 이후부터는 그 반대가 되었다. 그래서 이렇게 극단적으로 사고가 변화하는 것을 '코페르니쿠스적 전환'이라고 한다. 1543년은 그런 의미에서 대단히 중요한 해다.

그때 일본에서는 예닐곱 살쯤 되는 소년이었을 도요토미 히데요시가 기후 현의 나가라가와 강 다리 밑에서 누더기를 걸치고 자고 있었

해부학 교실에 오신 걸 환영합니다

을지도 모른다. 오다 노부나가는 아홉 살이었다. 전국 시대의 전쟁에는 아직 참가하지 않았을 것이다.

그 뒤로 수십 년에 걸쳐 스페인 사람과 포르투갈 사람이 일본으로 대거 들어왔다. 남쪽에서 왔기 때문에 일본에서는 남만인(南蠻人)이라고 불렸다. 그런 남만인들을 통해 기독교를 비롯한 서양의 학문이 일본으로 들어왔다.

베살리우스의 『인체의 구조에 관하여』가 일본에 수입되어 나가사키의 행정관 손에 들어온 때가 1643년인 것 같다. 그러니까 이 책이 출간된 지 딱 100년 뒤의 일이다. 그 100년 동안 일본 국내에는 큰 변화가 있었다. 그때 이미 일본은 에도 시대가 시작되어 쇄국 정책을 취하고 있었다. 그렇기 때문에 외국 학문을 배운다는 것은 거의 불가능해져, 베살리우스의 책도 일본 의학에 큰 영향을 줄 수 없게 되었다. 베살리우스의 책이 일본에 들어온 것은 분명해도, 에도 시대의 해부학에 직접적인 영향을 미치지는 않았다고 볼 수 있다.

그로부터 111년 지난 1754년에 야마와키 도요가 처음 교토에서 해부를 실시했다. 그리고 또 114년 지난 1868년에 메이지 시대가 시작된다. 지금은 또 그로부터 약 150년 흘렀다. 이렇게 안드레아스 베살리우스의 책으로 근대 해부학이 시작되고 약 460년 동안, 야마와키 도요가 해부를 실시한 때부터 약 260년 동안 해부학이 이어져온 것이다.

베살리우스 이전의
시대

베살리우스 이전에도 유럽에는 해부를 한 사람이 많이 있었다. 그 중에서도 르네상스 시대의 만능 천재로 불린 레오나르도 다 빈치가 유명하다. 다 빈치는 약 40명의 인간을 해부했는데, 임신 중인 여성이나 태아, 자칭 100세라고 말한 노인까지 포함되어 있었다. 그는 200 장이 넘는 해부 스케치를 남겼다. 그가 죽은 1519년에 베살리우스는 아직 다섯 살밖에 되지 않았다.

다 빈치의 해부는 꼭 의학을 위한 것만은 아니었다. 그는 〈모나리자〉나 〈최후의 만찬〉 같은 그림으로 유명하다. 사실 그 무렵의 화가나 조각가들에게는 해부 공부가 매우 중요했다. 인체를 제대로 그리거나 조각하기 위해서는 피부 밑에 숨어 겉으로는 보이지 않는 근육이나 뼈 등의 구조를 바르게 이해해야 했다. 해부는 의사가 되려는 사람들

해부학 교실에 오신 걸 환영합니다

만 하는 것이 아니었다.

지금도 그런 전통이 사라진 것은 아니다. 예를 들어 도쿄예술대학에는 미술해부라는 분야가 버젓이 있다. 하지만 이런 분야가 있다는 사실을 잘 모르는 사람이 많다. 해부는 의사가 되려는 사람만 한다고 믿는 사람이 대부분이다.

다 빈치가 살던 무렵에, 특히 이탈리아에서는 해부가 이미 꽤 실행되고 있었다. 그렇기 때문에 후에 베살리우스 같은 사람이 나타날 수 있었다.

그렇다면 이탈리아에서는 해부가 어떤 식으로 시작되었을까?

앞에서 말했듯이, 해부는 오래전 이미 그리스에 있었다. 그런데 어떤 의미에서 보면 그리스 문명을 이어갔다고 할 수 있는 로마에서는 해부를 금지했다. 그래서 갈레노스는 해부에 관한 책은 썼지만, 스스로 인체를 해부하지는 않았던 것이다. 그 뒤로 유럽은 중세 시대로 접어들었는데, 그 시대는 의학이나 해부학과 같은 구체적인 학문이 그다지 발전하지 않았다. 학문이라고 하면 대부분 기독교 신학이었다. 신학은 신이나 성서에 대해 끝도 없이 토론하는데, 그 내용이 구체적이지 않으니 당연한 일일 것이다. 그뿐 아니라 지나치게 극단적인 표현을 해 교회의 미움을 사게 되면 불에 타 죽기도 했다.

르네상스 시대는 그런 중세 시대를 타파하고 그리스와 로마 시대의 고대 정신을 부활시켰다. 르네상스라는 말은 '문예 부흥'으로 번역되는데, 고대 정신의 부활을 뜻한다.

유럽 중세 시대의 의학은 고대에 비해 특별히 진전되지 않았다. 의

레오나르도 다 빈치(1452~1519) 자화상.

학과 같은 실질적인 것을 다루는 학문에서는 그것이 무엇이든 스스로 체험하여 그 경험을 통해 이론을 정정해나가는 것이 중요하다. 그저 이론만으로, 또 남에게 배운 지식만으로는 부족하다. 예를 들면 야마와키 도요도 역시 그런 정신의 소유자였다. 야마와키 도요가 속해 있던 '고방파'라는 한의학 유파는 '친시실험(親試實驗)'을 그 정신으로 삼았다. 다시 말해 '자신이 스스로 시험해보고 실제로 체험'하는 것을 중요하게 여겼다. 그런 정신에서 일본의 해부가 시작되었다고 생각해도 좋다.

그런데 중세 시대 의학에는 그런 사상이 빠져 있었다. 누군가 뛰어난 사람이 말하면 그것이 무엇이든 여태까지 해왔던 대로 따랐고, 자신의 생각은 중요하게 여기지 않았다. 그렇기 때문에 갈레노스의 의학보다 더 나은 것은 없다고 생각했고, 좀처럼 수정하려고 하지 않았다. 그것은 매우 겸허하고 때로는 맞는 생각이기도 하지만, 그것만으로는 부족하다. 그런 생각만이 오랫동안 이어지는 사회에서는 스스로 체험하고 실질적인 것을 제대로 생각하는 습관이 들지 못한다. 지금의 일본을 보면 어떤 생각이 드는가?

그래서 중세 시대의 '뒤처진' 서양 의학은, 일본의 의학이 중국 의학을 받아들인 것처럼, 아라비아 의학에서 새로운 지식을 받아들였다. 사실 아라비아 의학도 근본을 따져보면 그리스와 로마 시대의 의학을 받아들인 것이다.

너무 복잡하게 들릴 수도 있겠지만, 사실 복잡한 것이 당연하다. 그리스 시대 이후로 2000년에 걸친 해부학의 역사, 그것을 단 몇 줄로

요약하려는 것이다. 간단히 정리할 수 있다면 그것이 더 이상하다. 어쨌든 당시 유럽에서는 아라비아의 해부도를 베끼거나 했다.

그런데 그리스나 로마도 역시 유럽이 아닌가? 왜 굳이 아라비아 의학을 배워야 했을까?

이해하려면 유럽의 중세라는 시대를 알아야 한다. 그리스와 로마가 융성했던 시대, 즉 대략 2000년 이전의 시대를 고대라고 한다. 그러나 동방에서 게르만인들이 로마를 침입하면서 로마는 멸망했다. 그와 함께 중세 시대가 시작된다. 게르만인은 기독교로 개종하는데, 이 기독교가 중세에서 강력한 힘을 지니게 되면서 사회의 움직임이나 사고방식이 어떤 의미로 고정되어버렸다. 그러면서 그리스와 로마로부터 전해진 학술은 대부분 사라진다.

그러나 그 학술은 동로마제국을 거쳐 아랍인들에게 전해져 보존되었다. 콘스탄티노플을 중심으로 한 동로마제국은 서로마제국이 멸망한 뒤, 터키에 무너질 때까지 오랫동안 이어졌다.

중세 시대가 막을 내리고, 근세의 시작을 알린 것이 르네상스 시대다. 일본은 무로마치 시대에서 전국 시대에 걸친 시기다. 그때까지 아랍 의학이 서구로 유입되었다. 그리스와 로마 시대의 고전이 아라비아어에서 유럽의 언어들로 새롭게 번역되었다. 그렇게 새로운 학문의 바람이 서서히 유럽에 퍼졌다. 이탈리아의 의학교에서는 13세기에 해부가 시작된 것 같은데, 14세기에는 마침내 파도바의 대학에서 해부가 공개적으로 실시되었다.

레오나르도 다 빈치는 그로부터 약 100년 뒤에 나타났다. 해부는

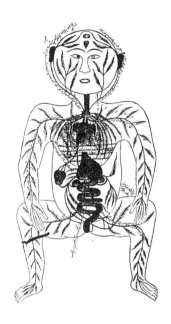

페르시아의 해부도. 이러한 지식이 유
럽에 도입되었다.

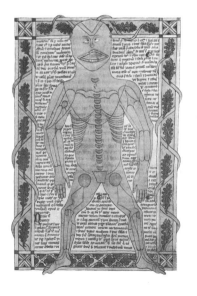

골격을 나타내는 오래된 해부도. 12세
기의 사본에서 인용했다.

이미 어느 정도 일반적인 것이 되어 있었다. 그렇다면 다 빈치는 해부에 어떤 역할을 했을까?

해부학 교실에 오신 걸 환영합니다

레오나르도 다 빈치와
해부도

레오나르도 다 빈치 이전에도 해부를 하기는 했지만, 사진도 그림도 없다. 그림이 아예 없다고는 할 수 없지만, 그래도 제대로 된 그림이 아니다. 엉터리라고 해도 그냥 엉터리가 아니다. 뭐랄까, 아무런 과장 없이 말해도 뭐라 말로 표현할 수 없을 정도로 터무니없는 엉터리 그림이다. 게다가 자신이 직접 관찰하여 그린 것도 아니다. 남이 그린 엉터리 그림을 보고 베낀 것이다. 그러니 점점 더 엉터리 그림이 된다.

해부를 한다고 해도 그 결과가 정확하고 제대로 된 그림으로 표현되지 않으면, 자신이 본 것을 남에게 똑바로 전달할 수 없다. 예를 들어 간장을 보았다고 해도 그것이 어떻게 생겼는지 제대로 그리지 못하면, 다음 사람은 또다시 직접 해부해보기 전까지는 알 수 없다. 이

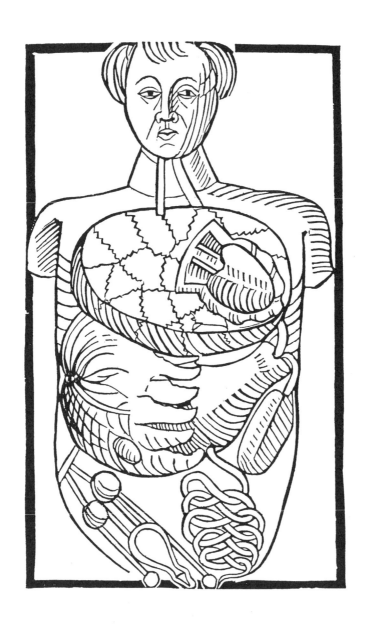

초기 유럽의 해부도. 간장에 톱니무늬가 그
려져 있다. 이것이 간장이라는 것을 나타내
는 약속이다.

시대의 그림에는 간장에 톱니무늬가 그려져 있는 경우가 있다. 이런 무늬를 넣어서 그리면 그것은 간장이다라는 식으로 사람들 사이에서 약속이 되어 있었다. 그림이 엉터리니까 그렇게 하지 않으면 간장인지 뭔지 알 수 없었다.

레오나르도 다 빈치는 그런 그림에 제대로 된 원근법을 적용했다. '원근법'이란 그림을 그릴 때 사진을 보는 것처럼 어느 한 점에서 바라본 모습을 그리는 방법이다.

그렇게 그리는 것이 당연한 게 아니냐고?

그렇지 않다. 그 시대에는 그것이 당연하지 않았다. 사진을 찍은 것처럼 한 점에서 바라본 것처럼 그림을 그리는 방법, 이것은 굉장한 발명이었다.

지금 사람들은 그림이 원근법으로 그려져 있어도 당연하다고 생각한다. 하지만 레오나르도 다 빈치 이전 시대에는 당연한 일이 아니었다.

원근법 덕분에 마치 자신의 눈으로 보는 것처럼 진짜같이 사람의 몸을 그릴 수 있게 된 것이다. 그 때문에 해부학이 더 발달했다. 그전까지는 해부를 하더라도 그 결과를 제대로 된 그림으로 표현할 수 없었다. 그림으로 정확하게 그리지 못하고 해부를 글로만 나타내려고 하니까 뭐가 뭔지 알 수 없게 된다.

옛날의 그림, 즉 원근법이 생기기 전의 그림을 볼 기회가 있다면 자세히 보기 바란다. 사람이 그려져 있는데, 집 안도 바깥도 천국도 모조리 한 장의 그림 안에 있다. 물론 원근법이 없으면 또 없는 대로 좋을 때도 있다. 어떻게 좋다는 말이지? 하나의 시점에서 보고 있지 않

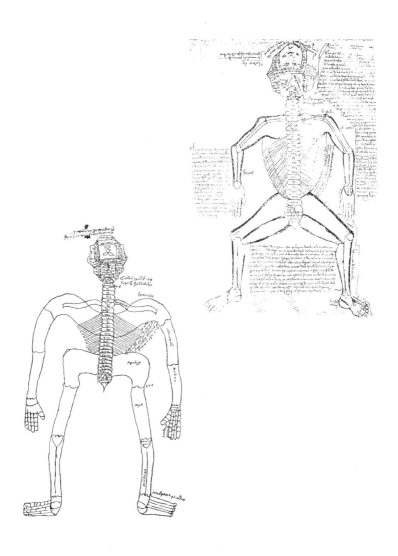

위 그림은 아라비아 의학의 해부도이고, 아
래 그림은 유럽에서 그것을 베껴 옮긴 것이
다. 왜 머리가 반대로 뒤집어져 있을까? 원근
법이 없던 시대에는 그림을 그리는 사람은
온 세계를 자유자재로 돌아다닐 수 있었다.
사진과 같이 하나의 점에서 본 그림을 그리
는 방법이 원근법이다.

기 때문이다. 다시 말해 그림을 그리는 사람이 온 세계를 날아 돌아다닐 수도 있고, 그렇다고 해서 전혀 이상하지 않다. '시점이 정해져 있지 않기' 때문이다. 이 세상에서 저 세상까지, 집 안에서 집 밖까지, 몽땅 한 장의 그림에 들어간다. 그것은 그것대로 편리하다. 하지만 하나의 점에서 똑바로 본다는 생각을 하지 못하기 때문에 아무래도 그림이 정확하지 않다. 해부도를 제대로 그릴 수 없게 된다. 그것이 레오나르도 다 빈치의 시대에 해결되었고, 그 뒤로 안드레아스 베살리우스가 등장한다. 베살리우스가 쓴 책 속의 삽화는 지금 보아도 참으로 훌륭하다.

레오나르도 다 빈치는 자신이 그린 해부도를 책으로 출판할 생각이었다. 하지만 결국 책으로 나오지 못했다. 그래서 지금도 하나하나 낱개의 스케치로 남아 있다. 레오나르도는 그림이나 설계도를 그리는 데 뛰어난 재주가 있었지만, 긴 문장을 쓰기는 그다지 좋아하지 않았던 것 같다. 그림의 천재였기 때문에 글로 남기기보다 그림으로 남기는 편이 더 편했을지도 모른다. 책을 내고 싶은 마음은 있었지만 거의 쓰지 않았다.

사실 레오나르도의 해부도는 사망하고 제자들에게 남겨졌다. 하지만 오랫동안 행방불명되고 말았는데, 그것이 19세기가 되어 영국 왕실의 윈저성 안에 있던 오래된 트렁크에서 뭉치로 발견되었다. 그래서 이것을 윈저 컬렉션이라고 한다.

레오나르도는 인체를 기계처럼 생각한 것 같다. 그는 많은 기계를 설계했다. 그런 기계 그림과 인체 해부도가 같은 종이 위에 그려진 경우도 있다. 그런 그림과 함께 다 빈치가 묘사한 방법을 보면 그가 인체를 기계와 같은 것으로 보고 있었다는 것을 꽤 확실히 느낄 수 있다.

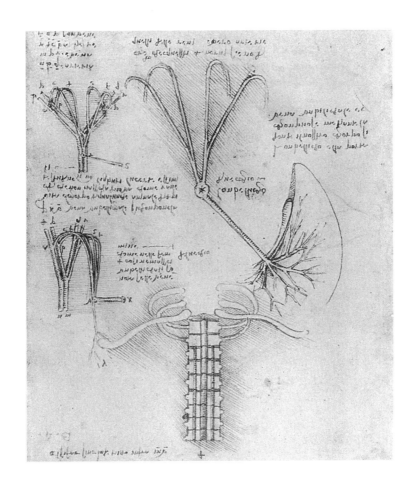

레오나르도 다 빈치의 해부도. 자세히 보면, 레오나르도 다 빈치가 인체를 기계처럼 보고 있다는 것을 알 수 있다. 예를 들어 근육을 끈이 모인 집합처럼 그린 것을 알 수 있다. 또 발뼈의 경우는 관절에 유난히 주의를 기울였다. 그렇게 시간이 흐르지도 않았는데, 그전까지의 그림과 비교하면 레오나르도의 그림이 얼마나 훌륭한지 알 수 있다. 이러한 기술이 이어져 수십 년 뒤 베살리우스의 『인체의 구조에 관하여』속 그림이 탄생한다.

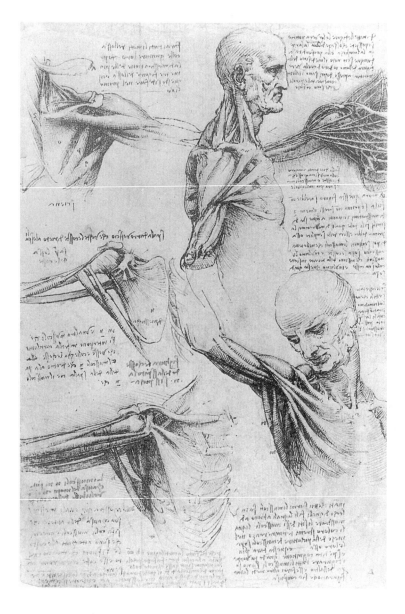

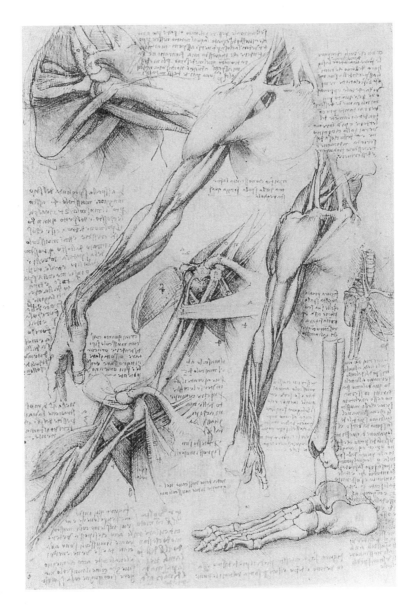

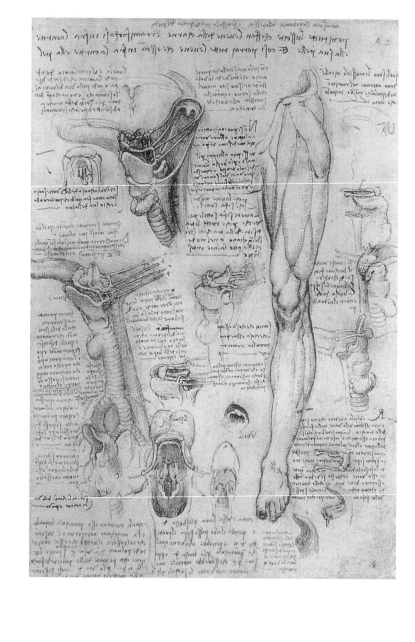

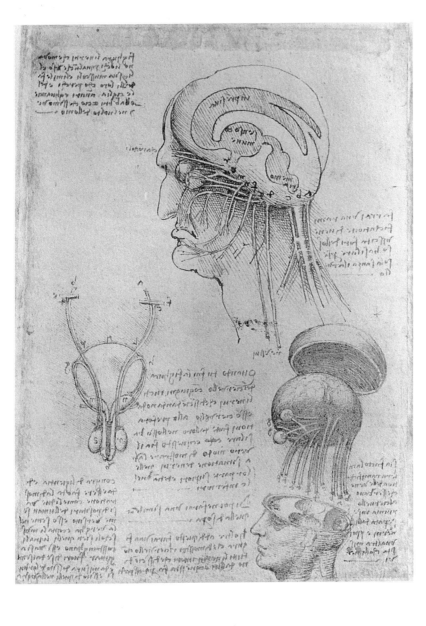

베살리우스 이후의
해부

베살리우스 이후 유럽의 해부학은 순조롭게 발전한다. 18세기에는 이탈리아 볼로냐에서 조반니 바티스타 모르가니(Giovanni Battista Morgagni)라는 해부학자가 등장한다. 다양한 병으로 죽은 사람들을 해부함으로써, 몸에 고장이 생긴 원인이 병이라는 사실을 분명하게 증명한 최초의 인물이다.

그런데 해부란 건 처음부터 그럴 목적으로 하는 것이 아니었나?

지금 그렇게 생각한 사람이 있으면, 이 책 첫 부분을 다시 읽어보기 바란다. 그런 종류의 해부를 병리해부라고 한다.

요즘의 우리는 몸의 '어디'가 좋지 않으면 병이 났다고 생각한다. 하지만 옛날 사람들은 꼭 그렇다고 강하게 확신하지는 않았다. 처음부터 몸의 어디가 망가져서 죽는다는 생각조차 확실하지 않았다. 긁

해부학 교실에 오신 걸 환영합니다

어서 죽고, 전쟁에서 죽고, 사고로 죽고, 뒤탈이 나서 죽고, 전염병으로 죽는 것처럼, 당시의 상식으로는 반드시 몸 어디가 나빠 죽은 것 같지는 않아 보이는 죽음도 많았다. 그러니 악령이 들어서 죽었다고 해도 이상할 것이 없었다.

그때는 병이라고 하면 대부분 흑사병이었다. 심할 때는 인구의 절반 이상이 죽었다. 이런 병은 류머티즘이나 당뇨병이나 정신병과는 다르다. 그때의 사람들이 그렇게 생각했다 해도 이상한 게 아니다. 설마 쥐벼룩이 병원체를 옮긴다고는 꿈에도 생각하지 못한 것이다. 눈에 보이지 않는 세균 같은 것은 생각하지도 못했다.

병이 났다는 말은 일단 몸의 '어디'가 망가졌다는 뜻이다. 요즘의 우리에게는 너무나 당연한데 이런 생각은 모르가니의 시대가 되어서야 해부를 통해 확실히 증명되었다.

그렇게 생각하면 처음 인체를 해부했을 때는 꼭 병이 무엇인지 알기 위해서가 아니었음을 이해할 수 있다. 그저 인간의 몸이 어떻게 생겼는지 두 눈으로 보고 알고 싶었을 뿐이다. 병의 원인을 해부를 통해 찾으려는 병리해부가 활발히 이루어지게 된 것은 19세기부터이다. 그때부터 병이란 반드시 몸의 어디가 고장 나서 생긴다는 것, 그렇다면 해부를 통해 원인을 알 수 있을 것이라는 생각이 의사들의 상식이 되었다.

그렇다고 옛날 사람들이 바보였다고 생각해서는 안 된다. 요즘 사람도 어떤 부분에서는 옛날 사람처럼, 미래의 사람이 보기에는 바보처럼 생각하고 믿고 행동하고 있을 것이 틀림없다. 또 그것이 당연하다. 그것이 역사를 공부하면서 배울 수 있는 중요한 것 중 하나다.

7장

세포라는 단위

세포의
크기

어떤 생물이든 그 몸은 세포라는 단위로 이루어져 있다. 그런데 세포는 작아서 거의 눈에 보이지 않는다. 혈액 속 적혈구나 백혈구도 세포의 일종이다. 크기는 약 10미크론이다. 미크론이라는 단위는 그 길이가 1밀리미터의 1000분의 1이다. 세포를 약 100개 나열하면 1밀리미터가 된다. 매우 작다는 것을 알 수 있다.

세포에는 많은 종류가 있다. 인간의 몸도 수백 종류의 세포로 나뉘어 있다. 각각의 크기나 형태나 역할이 조금씩 혹은 크게 다르다.

이렇게 작은 것이 인간의 몸을 이룬다면, 인간의 몸은 몇 개의 세포로 되어 있다는 말일까? 물론 전부 세어본 사람은 없다. 대충 어림잡아 말하면 10조 단위가 될 것이라고 한다.

그럼 인간의 눈으로 볼 수 있는 가장 작은 크기는 어느 정도일까?

그건 대략 10분의 1밀리미터라고 생각하면 된다. 책상 위를 기어다니는 매우 작은 벌레, 그런 것도 대개는 1밀리미터를 넘는다. 그러니까 눈에 보이지 않을 정도로 작은 곤충이란 건 없다. 곤충도 역시 세포로 이루어져 있는데, 곤충이라고 해서 세포 크기가 특별히 작아지는 건 아니기 때문이다. 그렇다면 어느 정도의 세포 수만큼 모여서 이루어진 생물은 세포의 크기보다는 꽤 커지는 게 당연하다. 한 변의 길이가 10미크론인 정육면체가 만들어진다. 그러면 겨우 우리 눈에 점으로 보이게 된다.

그런데 비록 한 마리의 점 크기만 한 곤충이라도 그것이 곤충인 이상은 머리가 있고, 다리가 있고, 먹이를 먹고, 움직이며 돌아다니고, 새끼를 낳는다. 그렇다면 피부도 필요하고, 근육도 필요하고, 그것을 움직이는 신경도 필요하다. 그런 것은 전부 피부세포나 근육세포나 신경세포라고 하는 각각 다른 종류의 세포의 집합이기 때문에 세포가 많이 필요하다. 그렇게 생각하면 아무리 작은 벌레라도 세포의 크기보다는 훨씬 커야 한다는 것을 알 수 있다.

세포 하나로 살아가는 생물도 있다. 아메바나 짚신벌레가 그런 종류의 단세포생물이다. 인간이나 곤충 같은 다세포생물과는 구별된다. 단세포생물은 물론 세포의 크기가 10미크론, 아니면 기껏해야 그 10배 정도 크기만 한 정도이다. 그 정도면 눈에 거의 보이지 않는다.

해부학 교실에 오신 걸 환영합니다

세포는
세포로부터

세포에 대해 매우 중요한 점이 있다. 19세기에 독일의 루돌프 피르호(Rudolf Virchow)라는 학자가 말한 것이다.

"모든 세포는 세포에서 생겨난다."

세포는 분열하여 증식한다. 그러니까 이미 존재하는 세포가 분열하여 다음 세포가 만들어진다. '없는 곳에서' 세포가 만들어지는 것이 아니다.

지금 살아 있는 모든 생물의 세포는 친세포(parent cell)로부터 생겨났다. 그 친세포는 또 그 친세포로부터 생겨났고, 그렇게 점점 거슬러 올라가도 여전히 근원은 세포다. 그러니까 모든 세포는 세포에서 생겨난 것이다.

인체의 모든 세포는 끝까지 거슬러 올라가면 하나의 세포에 다다

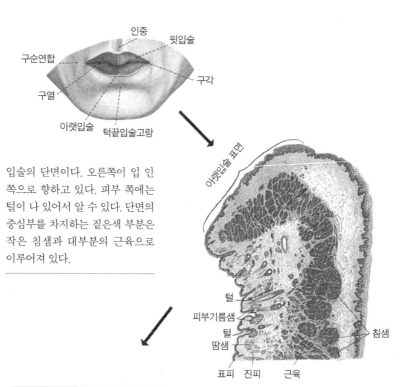

인중 · 윗입술 · 구순연합 · 구각 · 구열 · 아랫입술 · 턱끝입술고랑 · 아랫입술 표면 · 털 · 피부기름샘 · 털 · 땀샘 · 침샘 · 표피 · 진피 · 근육

입술의 단면이다. 오른쪽이 입 안 쪽으로 향하고 있다. 피부 쪽에는 털이 나 있어서 알 수 있다. 단면의 중심부를 차지하는 짙은색 부분은 작은 침샘과 대부분의 근육으로 이루어져 있다.

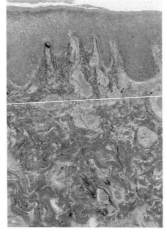

현미경으로 본 입술의 일부다. 위쪽 색이 짙은 부분에 보이는 작고 흰 부분이 상피세포다. 이렇게 보여도 세포치고는 큰 편이다.

른다. 그것이 수정란이다. 수정란이라는 하나의 세포가 점점 분열하여 수많은 세포가 된다. 그뿐만이 아니라 그렇게 증식한 세포가 다양한 종류로 변화하여 피부가 되고 신경이 되고 근육이 되고 심장이 되어 지금의 몸이 생겨났다.

그러면 그 수정란은 어디에서 왔을까? 수정란은 난자와 정자가 수정하여 생긴다. 그 난자는 모체의 난소에서 나오고, 정자는 부체의 정소에서 나온다. 그러면 그 난소 속에 있는 난자는 어디에서 왔을까? 난자의 근원이 되는 세포는 분열해서 생겼다. 정자도 마찬가지다.

그러면 그 난자나 정자의 '근원이 되는 세포'는 어디에서 왔을까? 부모 양쪽 모두의 근원을 거슬러 올라가보면 가장 처음에는 수정란이었다. 그 수정란이라고 하는 하나의 세포가 분열하여 여러 가지 세포를 만들고, 그중에서 몇 개가 난소나 정소가 된다. 그런 다음 난자나 정자가 만들어진다.

그런 식으로 세포의 '근원을 찾아가'보면, 수정란에서 수정란으로 점점 이어지면서 거슬러 올라가게 된다. 그렇기 때문에 '모든 세포는 세포에서 생겨나는 것이다'.

그런데 한 가지 문제가 있다. 그렇다면 가장 처음의 세포는 어디에서 왔을까? 그것은 알 수 없다. 하지만 그것이 생명의 기원과 깊은 관계가 있다는 것은 분명하다. 생명 기원의 커다란 단계 중 하나는 세포의 기원이다. 여기서는 이 이상 설명하지 않겠지만, 이것도 역시 무척 흥미로운 문제다.

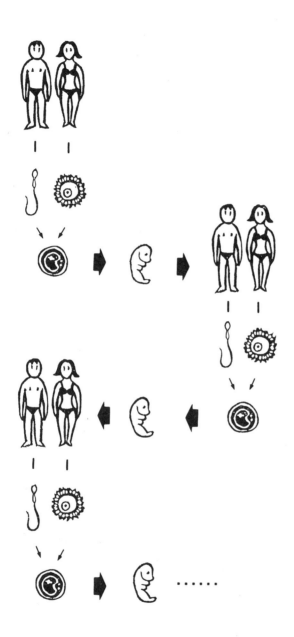

생식세포는 이렇게 '연속'된다. 모든 세포는
세포로부터 생겨난다는 것을 이해할 수 있을
것이다.

세포의
구조

그런데 이 작은 세포는 세포막으로 둘러싸여 있다. 이것은 매우 중요한 사실이다. 이 막이 세포를 안과 밖으로 구분 짓고 있다. 우리 몸이 외부 세계와 구분되어 있는 것과 마찬가지다. 이 세포막 한 장으로 세포라는 존재가 밖으로부터 구별된 '세계'가 된다. 몸 전체로 말하면, 세포막이란 피부와 같다. 이 막은 세포에 따라 다르기도 하지만, 대개는 두껍지 않은데, 그 두께는 10만 분의 1밀리미터다. 구체적으로 얼마나 얇은지는 언뜻 상상하기 어려울 정도로 매우 얇은 막이다.

이 얇은 막은 어떤 것은 통과하지만, 어떤 것은 통과하지 못한다. 그렇게 이 막의 성질은 매우 완고하다. 앞에서 말했듯이, 세포는 작다. 그러니까 통과한다고 해도 대체로 큰 것은 당연히 처음부터 통과하지 못한다. 문제는 매우 작은 것, 즉 분자다.

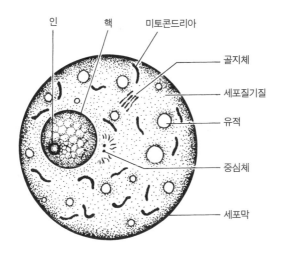

인   핵   미토콘드리아

골지체

세포질기질

유적

중심체

세포막

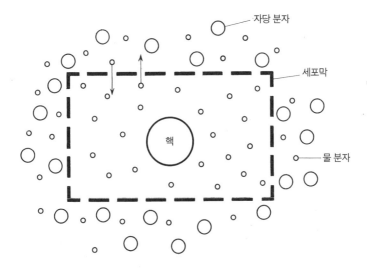

자당 분자

세포막

핵

물 분자

세포막은 무엇이든 통과시키지는 않는다. 그
렇기 때문에 세포막 안팎에서 물질의 농도에
차이가 발생하고 삼투압이 생긴다. 위 그림
은 세포의 모델을 나타낸 것이다.

어떤 분자를 말하는 건가? 예를 들면 물 분자다. 물은 예외적으로 이 막을 매우 잘 통과한다. 다만 우리의 피부세포의 막 같은 경우는 특별한 구조로 되어 있어, 물을 잘 통과시키지 않는다. 피부세포의 막을 물이 자유롭게 통과한다면, 수영장에서 헤엄치거나 목욕탕에 몸을 담그면 세포 속으로 물이 점점 들어가버리게 된다. 세포 속에는 물 외에도 많은 종류의 분자가 녹아 있는데, 소금으로 말하면 약 0.8퍼센트의 소금물로 되어 있다.

물 분자만이 자유롭게 통과하는 막을 사이에 두고 한쪽에는 소금물, 다른 한쪽에는 담수를 넣는다고 하자. 물은 어느 쪽으로 움직일까? 소금물 쪽으로 흐른다. 그러니까 여기에는 압력이 있다고 생각하는데, 이것을 삼투압이라고 한다. 민달팽이에 소금을 뿌리면 쪼그라드는데, 그것은 바깥쪽의 소금이 진하기 때문에 물이 민달팽이의 몸통에서 '나와'버리기 때문이다. 물론 소금 분자가 막을 자유롭게 통과할 수 있어서, 물이 아니라 소금이 민달팽이 속으로 이동한다고 해도 마찬가지다. 그런데 세포막은 소금을 만드는 분자에 대해서는 물 분자처럼 자유롭게 통과시키지 않는다. 그래서 물만이 움직이기 때문에 민달팽이가 쪼그라드는 것이다.

이런 세포막의 성질을 '선택적 투과성'이라고 부른다. 이런 까다로운 성질 때문에 세포의 안과 밖은 환경이 꽤 달라진다. 이 막을 절대 통과할 수 없는 분자도 많다. 예를 들면 설탕 분자가 그렇다. 혀로 핥은 설탕이 장 속으로 들어가면, 설탕 분자는 포도당과 과당으로 분해되고 나서야 비로소 그 각각의 분자가 장세포에 흡수된다.

또한 세포라는 세계는 세포보다 더 작은 여러 가지 구조를 포함한다. 예를 들어 미토콘드리아라는 것은 산소를 이용하여 에너지를 발생시킨다. 다시 말해 호흡을 하는 것이다. 이 미토콘드리아가 활동하지 않으면, 세포는 눈 깜짝할 사이에 죽어버린다. 맹독으로 유명한 청산가리는 미토콘드리아의 움직임을 멈추게 한다. 세포가 죽는다는 것은 인간이 죽는다는 말과 같다.

세포 안에 있는 작은 입자에는 리소좀(lysosome)이라고 불리는 것이 있다. 보통 세포 내의 오래된 단백질과 그 외 구성물을 분해하는 역할을 한다. 단세포생물에서는 이것이 세포 안의 음식물을 '녹인다.' 즉 소화한다는 것이다.

리소좀도 역시 막으로 둘러싸여 있다. 리소좀 안에는 단백, 그리고 다양한 큰 분자를 녹이는 역할을 하는, 효소라고 하는 단백 분자가 여러 종류 포함되어 있다. 이러한 효소가 세포 안으로 나와버리면 세포 자체도 녹아버린다. 세포에 충분한 에너지가 공급되고 있으면, 즉 세포가 '살아 있으면' 리소좀 막은 파괴되지 않는다. 그러나 그 에너지가 사라지면 막은 파괴된다. 그러면 효소의 분자가 세포 안으로 나오게 되고, 그렇게 되면 세포는 안에서부터 '녹기 시작한다.'

죽으면 몸이 썩는다. 이것은 세균의 활동이다. 세균이 다양한 효소를 내서 몸을 분해한다. 하지만 단지 그것만은 아니다. 사실 생물의 몸은 죽으면, 즉 에너지의 공급이 중단되면, 스스로 '녹는' 성질을 지니고 있다.

이러한 효소를 특히 장 속으로 내보내게 된 것이 췌장세포이다. 췌

해부학 교실에 오신 걸 환영합니다

장 액 속에는 췌장세포가 분비하는 단백, 탄수화물, 지방 등을 분해하는 효소가 포함되어 있다. 이것도 역시 보통의 세포가 가지고 있는 리소좀이 특수하게 변한 것이라고 이해할 수 있다.

위벽에 있는 위샘, 그 속의 세포도 소화효소를 분비한다. 이것은 펩신이라고 하는 단백을 분해하는 효소이다. 그런데 위벽을 만드는 세포도 많은 단백을 가지고 있다. 건강할 때는 위세포가 펩신의 작용을 받지 않는다. 리소좀 막과 마찬가지이다. 그런데 무슨 일이 일어나면 위벽의 세포가 갑자기 펩신에 의해 녹아버린다. 이것을 위궤양이라고 한다. 위벽이 녹아서 구멍이 생기는 것이다.

하지만 그렇게 무서워할 필요는 없다. 옛날 사람, 예를 들어 나쓰메 소세키는 위궤양으로 죽었지만, 지금은 위궤양으로 죽는 사람은 없다. 게다가 수술하지 않고 약만으로도 치료할 수 있다. 그런데 왜 위벽이 갑자기 녹을까? 잘은 모른다. 하지만 신경이 관계한다는 것은 분명하다. 위궤양은 위에 증상이 나타나는 병이지만, 원인은 뇌에 있는 것 같다.

쥐의 몸통에 줄을 칭칭 감는다. 그리고 쥐를 매달고 얼음물이 담긴 양동이에 몇 차례 담근다. 그런 심술궂은 짓을 몇 번 한 다음, 곧바로 쥐의 위를 해부해본다. 그러면 위의 점막, 즉 안쪽 면 여기저기에 출혈이 생긴 것을 알 수 있다. 이것이 실험으로 쥐에 생기게 한 위궤양이다. 스트레스를 주는 것만으로도 이런 일이 생긴다.

세포에는 뼈가 있을까? 단단한 뼈는 없다. 하지만 뼈에 해당하는 것은 있다. 그것을 세포골격이라고 한다. 세포의 골격은 섬유 모양으

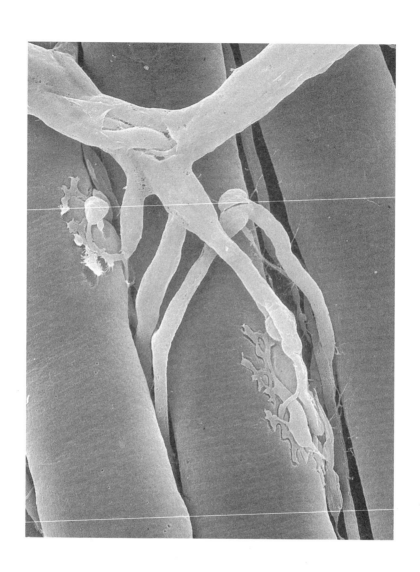

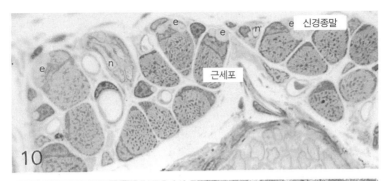

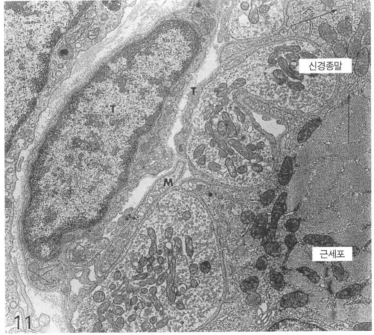

위 그림 속의 짙은 부분 하나하나가 근세포의 단면이다. 길고 가느다란 근세포 다발을 가로로 자르면 이런 식으로 나타난다. 일부 근세포의 단면에 붙어 있는 색이 짙은 부분은 신경 말단이다. 174쪽 그림은 전자현미경으로 본 신경과 근육의 접합부이다.

(사진: 도쿄대학 의학부)

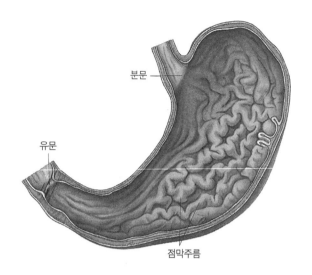

분문

유문

점막주름

위 내면을 나타낸다. 아래 그림은 출구에서
가까운 쪽의 위벽 단면을 현미경으로 본 모
습이다.

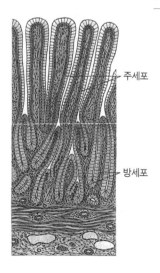

주세포

방세포

로 이어진 단백 분자나, 가늘고 긴 관 모양으로 이어진 분자로 이루어져 있다. 이들의 배열 모양이나 숫자에 따라 세포의 형태가 대략 정해진다. 그래서 세포골격인 것이다.

그럼 근육은 있을까? 그것에 상당하는 것은 꼭 있다. 세포 안에는 여러 가지가 움직인다. 그것을 움직이기 위한 장치, 세포 안에는 그런 것도 반드시 있다. 사실은 세포가 자신을 위해 평소에 지니고 있는 운동 장치, 그 장치만을 특별히 발달시킨 것이 근육세포다. 근육세포만이 특별히 움직이는 성질을 가진 것은 아니다.

세포에는 더 중요한 것이 있다. 그것을 핵이라고 부른다. 그 안에는 유전자가 들어 있다. 유전자는 세포가 어떤 단백을 만드는지, 언제 분열하는지, 어떻게 해서 같은 유전자를 만드는지, 그런 것들을 결정하는 중요한 역할을 한다. 지금은 유전자가 어떤 물질인지 잘 알 수 있다. 단백질도, 지방도, 탄수화물도 아닌 핵산이라는 물질이다. 약어로는 DNA라고 부른다. 지금은 이 정도로 충분히 통한다.

세포는 핵에서 내리는 지시를 받아 단백질을 합성한다. 대부분의 세포가 이를 위한 장치를 가지고 있다. 어떻게 해서 단백질이 합성되는지도 최근에는 꽤 자세히 밝혀졌다. 여기서는 더 깊이 설명하지 않겠지만, 앞으로 언젠가 그에 대해 공부할 기회가 있을 것이다.

세포와
분자

세포를 만드는 중요한 것, 그 대부분을 지금은 분자로 뽑아낼 수 있다. 분자라는 이름으로 세포를 설명하는 것이 요즘의 분자생물학이다. 다만 세포와 비교하면 분자는 매우 작다. 물 분자를 눈으로 볼 수 있도록 하여 세포를 그림으로 그리면, 물 분자를 1밀리미터의 크기로 그린다고 해도 세포의 크기는 한 변이 500미터의 정육면체가 된다. 그중에 단백 분자만 약 1만 종류가 들어 있다고 한다. 그 세포가 10조의 자릿수로 모인 것이 사람의 몸이다. 인체를 분자의 집합으로 생각하는 것이 얼마나 대단한지 이해할 수 있을까? 물 분자를 1밀리미터의 크기로 그림을 그리면, 인체는 1만 킬로미터 가까이 된다.

단위를 작게 하면 그만큼 사물을 세세하게 알 수 있을 것 같다. 하지만 그렇게는 잘되지 않는다. 앞에서 계산한 것처럼 부분을 작게 해

해부학 교실에 오신 걸 환영합니다

전자현미경으로 본 횡문근 세포의 일부. 반복
적인 문양이 보인다. (사진: 도쿄대학 의학부)

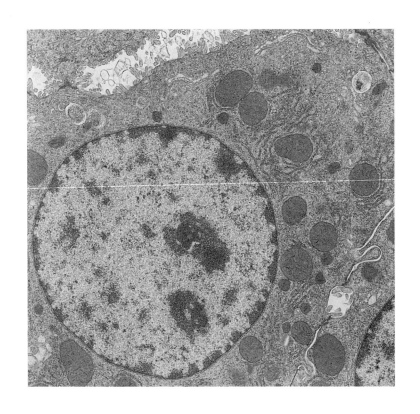

전자현미경으로 본 간세포의 일부. 둥글고
큰 것이 세포의 핵이다. 미토콘드리아가 많
이 보인다. (사진: 도쿄대학 의학부)

서 잘 알 수 있게 되면, 오히려 전체를 살펴보기가 힘들다. 이것이 현대 과학의 약점이다.

부분 하나하나는 자세히 알게 되지만, 전체는 그만큼 더 흐릿해진다. 천장에 돋보기를 갖다대고 보면 그 부분만 크게 보인다. 현미경으로 보면 더 크게 보인다. 그것과 마찬가지다. 현미경으로는 전부를 보지 못한다. 점점 번거로워진다.

앞에서 말했듯이, 유전자를 만드는 물질은 DNA다. 이 DNA에는 재미있는 성질이 몇 가지 있다.

첫째, DNA는 긴 끈 모양의 분자다. 그것도 두 개의 끈이 서로 나선 모양으로 감겨 있다.

둘째, 이 끈은 아데닌(A), 구아닌(G), 티민(T), 시토닌(C)이라 불리는 네 종류의 염기 분자가 적절한 순서로 한 줄로 나열하여 만들어져 있다. 그래서 DNA의 분자, 즉 한 개의 끈은 전부 A, T, G, C의 순서로 쓸 수 있다.

셋째, 아데닌과 티민, 구아닌과 시토닌은 두 개의 끈이 있을 때 서로 마주하며 가볍게 결합하는 성질이 있다. 그러니까 두 개의 끈에서 한쪽 끈에 A가 있으면 반대쪽 끈에는 반드시 그 위치에 T가 있다.

이것을 보면, DNA가 자신과 같은 분자를 만들 수 있다는 것을 잘 알 수 있다. 두 개의 끈을 천천히 풀면 A-T, G-C의 조합밖에 나오지 않기 때문이다. A가 나오면 T를 결합하고, G가 나오면 C를 결합한다. 이렇게 순서대로 끈을 풀면서, 풀고 난 부분에 ATGC를 붙여가면, 다 풀었을 때는 원래와 같은 이중으로 된 끈이 두 개 만들어지게 된다.

그것을 DNA 복제라고 한다.

너무 복잡해서 잘 모르겠다고?

잘 모르겠으면 그래도 괜찮다. 언젠가는 이해하게 될 것이다.

그것보다 이런 ATGC가 사람의 유전자에 얼마나 많이 나열되어 있을까?

사실은 약 30억 쌍이 있다. 어떤 순서로 ATGC가 나열되어 있는지, 이 30억 쌍을 전부 조사해본 것이 인간 게놈 프로젝트이다. 게놈이란 어떤 생물 종이 가지고 있는 유전자의 기본적인 조합을 말한다.

그것을 전부 조사하면 무엇을 알 수 있을까?

ATGCCTGAGGCTGGGA…… 이런 식으로 문자 30억 개가 나열된다.

그것뿐인가?

그렇다. 그게 전부다.

그걸로 뭘 알 수 있지?

여러 가지를 알 수 있다.

하지만 3,000만을 조사하는 데 하루가 걸린다고 하면, 30억이면 100일이 걸린다. 그러니까 하루에 30만을 조사하면 전체는 1만 일이 걸린다. 즉 3년이 걸린다. 어쨌든 대단히 손이 많이 가는 작업이다.

그렇게 해서 한 사람의 유전자 전부를 겨우 알아낼 수 있다. 인간은 한 사람 한 사람 조금씩이기는 하지만 유전자의 배열이 다르다. 그것은 나중에 천천히 공부하면 된다. 쉽게 말해서 분자라는 작은 것을 기준으로 인간이라는 '거대한 것'을 알아내려고 한다면 '유전자를 읽는

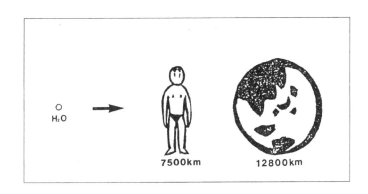

분자와 사람의 크기를 비교한 것이다. 물 분자의 직경을 1mm로 나타내면, 150cm인 사람의 크기는 7500km나 된다.

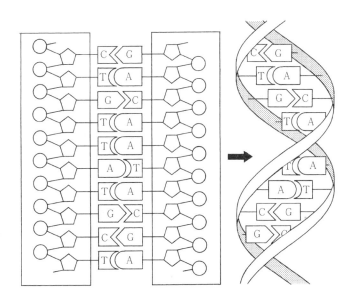

DNA의 구조다. A와 T, G와 C가 서로 마주보며 결합하고 있다. 전체로는 이중나선의 DNA 분자를 만든다.

것'만도 굉장히 어려운 일이 된다. 그것이 지금의 분자생물학이 하는 일이다.

　머리카락은 세포로 만들어져 있을까? 그렇다. 하지만 머리카락을
만들고 있는 세포는 핵이 없고, 물체가 들락날락하지도 않고 호흡도
거의 하지 않는다. 죽은 상태라고 해도 좋다. 남은 것은 두꺼워진 세
포막과 세포 안에 있는 단단한 케라틴이라는 단백질이다. 머리카락을
현미경으로 보면 보푸라기가 일어난 것처럼 보인다. 보푸라기 하나하
나가 세포와 세포의 경계다. 이 보푸라기는 머리카락 끝 쪽을 향해 있
다. 그래서 머리카락을 거꾸로 훑어 내리면 매끄럽게 느껴지지 않는
것이다.

　피부 표면의 세포도 머리카락과 같다. 거의 죽은 것이나 다름없다.
이것이 나중에 각질로 변하여 몸에서 떨어진다. 피부표면세포가 머리
카락세포와 다른 점은 머리카락세포처럼 세포끼리 서로 단단히 붙어

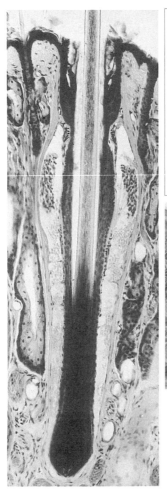

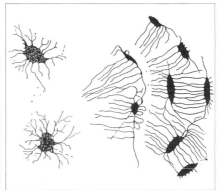

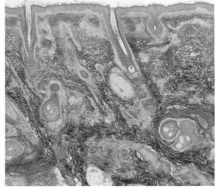

오른쪽 위 그림은 골세포다. 가느다란 돌기
가 나와 있고 서로 연결되어 있다. 세포나 돌
기는 단단한 골질 속의 '구멍'에 들어 있다.
왼쪽 그림은 쥐의 수염이다. 보통의 털과 비
교하면 훨씬 두껍고 뿌리에 혈관이 있지만,
털 그 자체의 구조는 거의 동일하다. 오른쪽
아래 그림은 입술 피부를 현미경으로 본 모
습이다.

있지 않다는 것이다. 그래서 몇 개가 서로 붙어서 각질이 되어 풀풀 떨어진다. 피부세포가 머리카락처럼 서로 단단히 붙어 있는 경우는 뱀의 허물을 보면 쉽게 알 수 있다. 뱀은 사람처럼 일 년 내내 쉬지 않고 각질을 만들어내는 지저분한 일은 하지 않는다. 정해진 시기에 한꺼번에 각질을 벗겨낸다. 다시 말해 허물을 벗는 것이다.

피부든 머리카락이든 세포는 떨어져나간다고 해도 보통은 그만큼 또 늘어난다. 머리카락이 원래의 세포만큼 늘어나지 않으면 대머리가 되고 만다. 만약 떨어져나간 양보다 더 많이 늘어나면, 그것이 피부일 경우 피부가 점점 두꺼워진다. 반대로 떨어져나간 양보다 적게 늘어나면 피부는 점점 얇아진다. 일반적으로는 그런 일은 일어나지 않는다. 그렇기 때문에 떨어져나간 양만큼 늘어난다는 것을 알 수 있다.

그렇다면 어떻게 떨어져나간 양만큼 늘어날 수 있을까? 얼마나 늘어나야 하는지, 세포는 어떻게 알 수 있을까? 이것은 상당히 어렵다. 쉽게 답할 수 없는 문제다. 다만 암세포는 그런 규칙에 따르지 않는다. 그저 무턱대고 늘어날 뿐이다. 그러니까 문제가 된다.

뼈도 세포인가? 이것은 좀 사정이 다르다. 물론 뼈 속에는 세포가 많이 들어 있다. 하지만 뼈의 단단한 부분은 세포 바깥에 있는, 인산칼슘의 결정과 교원섬유(collagenous fiber)다. 즉 뼈를 만드는 세포가 자신의 바깥에, 뼈의 기초를 만드는 섬유와 결정의 씨가 되는 것을 만들어낸다. 그곳에 인산칼슘이 침착하여 뼈가 된다. 그래서 뼈를 얇게 잘라서 현미경으로 보면 징그럽게 생긴 다리 같은 돌기가 가득 나와 있는 골세포가 보인다. 세포가 있는 곳에는 그런 단단한 골질이 없다.

즉 골세포가 있는 곳은 단단한 뼈 속의 작은 '구멍'으로 남아 있다.

눈으로 보면 뼈는 전체가 단단하게 굳은 모습에 구멍 같은 것은 전혀 없는 것처럼 보인다. 하지만 그 속에는 골세포뿐 아니라 혈관과 신경도 들어 있다. 자세히 보면 뼈 여기저기에 작은 구멍이 보인다. 그것이 눈에 보일 정도면 대개 혈관의 통로다. 공룡의 화석, 그것은 당연히 공룡의 뼈를 말한다. 그 화석을 얇게 잘라서 현미경으로 들여다보면, 골세포가 있었던 구멍이 남아 있는 것을 볼 수 있다.

이렇게 눈으로 보았을 때 도저히 세포라고 생각할 수 없는 부분까지 사람의 몸은 세포로 만들어져 있다.

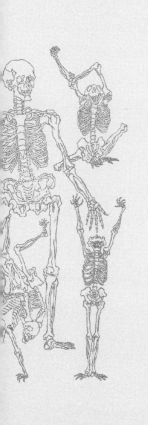

8장

생로병사

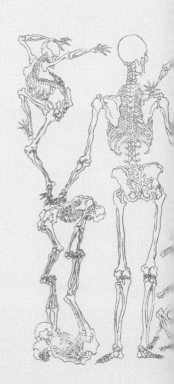

죽는다는 것

생물의 특징 중에서 중요한 것이 하나 있다. 바로 '죽는다'는 것이다.

다만 쉽게 죽지는 않는다. 노린재라고 하는 작은 동물이 그렇다. 이 동물은 말리면 바삭바삭해진다. 그런데 물을 묻히면 원래 상태로 돌아가 움직이기 시작한다. 얼리면 딱딱하게 얼어버린다. 하지만 녹이면 다시 예전처럼 움직이기 시작한다. 물론 아무리 그렇다고 해도 불에 태우면 죽는다.

어떤 생물이든 언젠가는 죽는다. 생각해보면 언젠가 죽는다면 생물은 없어져버릴 것이다. 그런데 사라지지 않는다. 왜 그럴까? 당연한 일이지만 자손을 만들기 때문이다.

그러면 무엇이 살아남는 것일까?

첫 번째 답은 유전자다. 유전자는 DNA를 말한다. 이미 앞에서 설명했다. 두 번째는 생식세포다.

생물이 사라지지 않는 것은 자손을 만들기 때문이다. 그 자손을 하나하나 거슬러 가장 처음으로 되돌아가보면 무엇이 될까? 난자와 정자가 수정한 수정란이다. 그러니까 생각해보면 생물이 이어가는 것은 생식세포가 살아남기 때문이다.

생식세포가 아니라 유전자가 살아남는 게 아닌가?

유전자는 DNA라고 하는 분자를 말한다. DNA 분자만 이 세상에 돌아다닌다고 한들 아무것도 할 수 없다.

그렇지만 DNA라는 분자는 자신과 똑같은 것을 만들어내지 않나?

자신과 똑같은 것을 만든다고 하지만, 그러기 위해서는 세포라는 장치가 필요하다. 제아무리 DNA라고 해도 그 자체만으로는 아무것도 할 수 없다. DNA가 자신과 똑같은 것을 만들려면 세포 안에 있어야 한다.

세포도 역시 '그 자체만으로는' 살아 있다고 할 수는 없지 않나? 살아가기 위해서는 주변 환경이 없으면 죽지 않는가. 세포라고 해도 환경 속에 있어야 한다는 건 마찬가지가 아닐까?

음…… 그러니까 세포는 말하자면 자율성을 가지고 있는데…… 아아, 이런 식으로 토론하면 설명이 점점 더 복잡해진다.

어쨌든 분자로 말하면 DNA, 세포로 말하면 생식세포가 살아남아 이어간다. 덕분에 생물은 사라지지 않고 계속 살아 있다.

그런 면에서 보면 개인 한 사람 한 사람은 누구나 유전자 혹은 생식세포를 옮기는 운반자인 셈이다. 그런 운반자를 '개체'라고 한다. 여러분 한 명 한 명은 그런 의도를 가지고 있지 않겠지만 운반자인 셈이다. DNA든 생식세포든 대부분은 여러분이 죽으면 함께 죽는다. 다만 그 안에서 '자손이 된 생식세포'만이 살아남는다. 그렇게 볼 수도 있는 것이다.

그런 관점에서 보면 개체는 일회용이라고 할 수 있다. 그래서 개체는 수명이 다하면 죽는다.

세포는
왜 죽을까?

세포는 왜 죽을까?

노화하기 때문이다.

그러면 노화가 일어나지 않게 하면 되지 않을까?

그렇게는 안 된다. 왜 그럴까? 노화하는 원인에는 여러 가지가 있다. 다른 식으로 말하면 하나만 있는 게 아니다. 하지만 어쨌든 성장하는 것은 노화한다는 말이다. 여러분은 점점 자라난다. 그것이 계속되면 그대로 노화라는 과정으로 들어간다. 다시 말해 성장과 노화는 같은 규칙을 따른다. 중간에 선을 그을 수는 없다.

그게 무슨 말인가? 자라는 것은 커지는 것인데, 노화한다는 것은 점점 줄어든다는 말이 아닌가?

그렇게 구별을 짓고 싶으면 원하는 대로 생각해도 좋다. 하지만 태

해부학 교실에 오신 걸 환영합니다

어난 뒤 조금 지나면 흉선이 작아지는데, 어른이 되면 거의 보이지 않는다. 태어나서 얼마 지나지 않아 벌써 노화가 시작된다. 흉선은 가장 이른 시기에 노화가 시작되는 기관이라 할 수 있다.

그뿐이 아니다. 태아일 때, 즉 아이가 엄마의 배 안에 있는 동안 죽어가는 세포도 많다. 그런 세포는 죽는 것으로 프로그램이 짜여 있다. 말하자면 시한폭탄을 가지고 있다가 자신의 역할을 다하면 반드시 죽는다. 그런 세포가 죽음으로써 발생이 순조롭게 진행된다. 그러니까 죽는 것도 역할 중 하나다. 죽으면 원래대로 되돌릴 수 없기 때문에 발생, 즉 자손이 자라는 과정은 계속 앞으로 나아갈 수밖에 없다. 점점 앞으로 나아가면 나중에는 노화하여 결국 죽는다. 한 번 움직임이 시작되면 멈출 수 없다. 계속 움직이는 수밖에 없다.

그럼 폭탄이 터지지 않도록 하면 되지 않을까?

그러니까 그렇게 하면 발생, 즉 발육이 진행되지 않는다. 아무리 시간이 흘러도 어른이 되지 않는다.

어른이 안 돼도 괜찮지 않을까?

그럴 수는 없다. 배 안에 있던 상태에서 점점 자라서 어른이 된다. 그 과정을 멈출 수는 없다.

물론 완전히 얼려버리면 문제가 다르다. 얼린 채로 오래오래 유지한다. 다만 얼린 상태라면 살아서 움직이지 않는다.

그럼 파열하지 않는 세포, 망가지지 않는 세포는 없는가?

좋은 질문이다. 그것이 바로 생식세포다.

수정란이 분열하여 세포 수가 증가한다. 어느 정도 늘어나면 생식

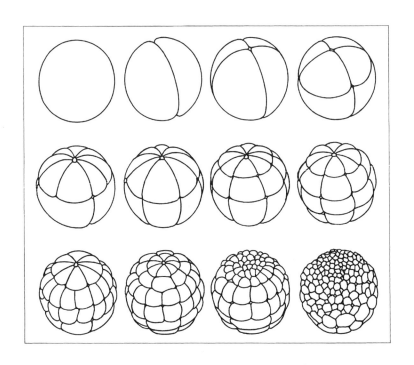

수정란이 분열하는 과정이다. 이렇게 해서
세포 수가 증가하고 다양한 종류의 세포가
분화된다.

세포가 다른 세포에서 분리된다. 그럼 다른 세포는 뭐가 되는 거지? 여러분이 되는 것이다. 즉 개체가 된다. 개체가 되는 세포를 체세포라고 한다. 체세포는 분열하여 점점 수가 늘어나는데, 동시에 다양한 종류로 나뉜다. 피부, 근육, 신경, 간 등이다. 이것을 세포 분화라고 한다. 생식세포는 생식세포만 될 수 있다. 난자나 정자로밖에 될 수 없다.

체세포와 생식세포가 가장 빨리 분화하는 것이 말회충인데, 말의 장 속에 사는 기생충이다. 말회충의 수정란은 첫 분열에서 둘로 나뉜다. 한쪽은 미래의 체세포가 되고 다른 한쪽은 미래의 생식세포가 된다고 한다.

정리하면 이렇다. 수정란은 분열하여 세포를 증식시키는데, 그러는 사이에 생식세포와 체세포가 분리된다. 생식세포는 수정하여 다음 세대를 만든다. 그러나 생식세포는 다양하게 분화하여 개체를 만들고, 언젠가는 죽고 사라진다. 그것이 개체의 죽음이다.

체세포는 왜 죽는 것일까? 그 이유 중 하나는 어딘가에서 분열이 멈추기 때문이다. 일반적인 세포는 최대한 50~60회 분열하면, 더 이상 분열할 수 없게 된다. 분열할 수 없으면 언젠가는 무너져버린다. 세포 안에도 먼지가 쌓이기 때문이다. 녹일 수 있는 먼지라면 문제가 안 되겠지만, 녹일 수 없는 것도 세포 안에 쌓인다.

신경세포는 더 이상 분열하지 않는다. 그래서 이런 세포 안에는 1년에 약 1퍼센트의 비율로 먼지가 쌓인다. 그런 식으로 100년이 흐르면 신경세포 안에는 먼지만 남게 된다.

분열한다 해도 횟수에 한도가 있다. 분열하지 않더라도 차츰 먼지가 쌓인다. 그렇기 때문에 체세포는 '일회용'인 것이다. 그런 의미에서 보면, 끊임없이 새로워지는 것은 생식세포다. 게다가 생식세포의 분열은 감수분열이라고 해서, 체세포가 분열하는 체세포분열과는 꽤 방식이 다르다. 세세한 부분까지 여기서 설명할 필요는 없지만, 체세포와 생식세포는 세포분열 방식 자체가 다르다. 이런 것도 체세포가 노화하는 원인 중 하나이다.

해부학 교실에 오신 걸 환영합니다

기계로서의
몸

살아 있는 생물은 때때로 병에 걸린다. 의학은 그런 병을 다루는 학문이다. 의학이 병을 치료하는 데에는 한계가 있다. 치료할 수 없는 병도 있기 때문이다. 앞에서도 말했지만 노화 또한 사람에 따라 빠르고 느리고의 차이가 있겠지만 결코 막을 수는 없다.

병은 몸에 생긴 고장이다. 지금은 대부분의 사람이 그렇게 생각하는 것 같다. 인간의 몸을 '기계'로서 바라보는 관점에서 생겨난 발상이다. 몸이 고장 나서 병이 나고 결국 죽는다. 앞에서 말했듯이, 사실 이런 생각은 세상에 생겨난 지 얼마 되지 않은 매우 새로운 사고방식이다. 서양에서도 200년 정도밖에 되지 않은 생각이다. 물론 모르가니 같은 해부학자처럼 더 일찍 깨달은 사람도 있기는 하다.

그렇다면 인간의 몸과 기계는 어디가 어떻게 다를까?

인간은 마음을 가지고 있다. 기계에는 그것이 없다. 이것이 첫 번째 대답이다.

기계는 인간이 만든 것이다. 기계 자체가 판단하여 움직이지는 않는다. 이것은 두 번째 대답이다.

하지만 어느 쪽도 충분히 만족스러운 대답이 되지 못한다. 컴퓨터 혹은 컴퓨터를 탑재한 로봇이 있기 때문이다. 컴퓨터나 로봇은 방식만 터득하면 우리보다 일을 더 잘해낸다. 장기든 바둑이든 우리보다 실력이 훨씬 뛰어날지도 모른다.

하지만 그들은 감동하거나 화를 내지 않는다. 그렇게 생각하는 것이 당연하다. 하지만 감동하거나 화를 내는 척하게 만들 수는 없을까? 화를 내는 척하는 것과 정말로 화를 내는 것은 다르다고 생각하겠지만, 과연 그럴까? 친구가 여러분에게 화를 낸다고 생각해보자. 그 친구가 정말로 화를 내고 있는지, 아니면 그냥 그런 척하고 있는지 여러분은 알 수 있을까? 누가 그런 척하는 행동에 속았던 적이 분명 있을 것이다. 그렇다면 기계라고 해서 다를 게 있을까?

화난 척하는지, 아니면 정말로 화가 났는지, 그것을 아는 사람은 오로지 본인뿐이다. 배우처럼 그런 흉내를 잘 내는 사람이라면 자신이 정말로 화를 내고 있다고 착각할 때도 있지 않을까? 컴퓨터가 더 진보하여, 보통 사람이라면 화낼 것이 틀림없는 상황에서 '컴퓨터다운' 방식으로 화를 낸다고 생각해보자. 그런 식으로 컴퓨터를 설계하지 못하라는 법도 없지 않을까?

그러니까 기계와 인간의 차이를 생각한다는 것, 그것은 사실 이처럼 생각지도 못하게 어려운 일이다. 예를 들면 인공지능이라는 것을 들 수 있다. 인공심장의 경우, 지금은 염소 같은 동물로 실험하면 1년 이상 살릴 수가 있다. 인공심장이 완전한 상태로 발전한다면 심장은 필요 없어질 것이다. 그럴 가능성이 없지도 않다. 그뿐 아니라 신장은 이미 그것을 대체할 수 있는 인공투석장치가 있어 불편하기는 해도 신장이 완전히 망가진 사람이라도 기계의 힘을 빌려 살아갈 수 있다.

다만 기계가 고장이 났을 때는 인간이 도움을 주어야 한다. 인간의 몸은 스스로 '치유'되지 않는가 하고 말하는 사람도 있겠지만, 꼭 그렇다고 할 수도 없다. 정말로 인간이 스스로 나을 수 있다면 의사는 필요하지 않을 것이다.

이제 좀 이해가 되는가? 기계와 인간을 구별하기가 어렵다는 것을 말이다. 아니, 그렇다기보다는 현대의 인간들은 인간의 몸을 '기계로서 보는' 방식에 완전히 익숙해져버린 것이다. 나 역시 그런 생각에 익숙해져 기계와 인간을 구별하여 생각하기가 무척 어렵다.

그렇다면 어떻게 생각하면 좋을까? 기계는 사실 인간의 일부라고 생각하면 된다. 아니, 철로 만들어진 딱딱한 그런 것이 어떻게 내 몸의 일부가 될 수 있다는 말이지?

하지만 꼭 그렇게 생각할 것도 아니다. 누군가의 자동차를 발로 찼다고 해보자. 그 옆에 자동차의 주인이 있었다면 어떻게 할까? 화를 펄펄 낼 것이다. 그것은 그 사람의 발을 걸어찼을 때와 비슷한 반응이다.

인간은 자신의 연장(延長)으로서, 특히 몸의 연장으로서 기계를 만든다. 기계의 단순한 단계가 도구다. 칼은 손의 연장이 되어 우리가

까마귀가 전봇대에 만든 집이다. 전력회사가
철거해도 몇 번이나 같은 장소에 집을 짓는
다. 동물의 보금자리는 동물 몸의 연장으로
보아도 된다. (사진: 나바타메 스에요시)

손으로 할 수 없는 동작을 할 수 있게 한다. 그런 식으로 생각하면 기계와 몸의 구별이 애매해지는 것도 이상하지 않다. 동물도 마찬가지다. 비버는 나무를 부러뜨려 그것으로 댐을 만든다. 그 댐은 비버의 일부라고 해도 좋을 것이다. 많은 동물이 자신이 살 둥지를 마련한다. 그러면 둥지는 그 동물의 일부인 셈이다. 다른 말로 표현한다면 둥지는 동물 몸의 '연장'인 것이다.

그렇기 때문에 인간이 만든 기계를 인간과는 다른 특별한 것으로 생각할 필요는 없다. 물론 인간과 다르다는 느낌이 드는 것은 분명하다. 하지만 그런 느낌이 드는 것은 예를 들어 말한다면, 여러분이 사람의 몸에서 잘려나간 손이 테이블 위에 놓여 있는 장면을 본 적이 없기 때문이다. 자신의 손을 잘라 그것을 테이블 위에 놓아두었다고 상상해보라. 그것을 '자신의 일부'라고 생각할 수 있을까? 원래는 내 몸의 일부였던 손이 잘린 채 따로 놓여 있는 모습을 보면 자신의 일부로는 생각할 수가 없다. 하지만 그것은 사실 '그렇게 생각할 수 없을 뿐'이다. 잘린 것이 손이고, 잘린 지 얼마 안 되었다면 원래 모습으로 되돌릴 수 있다. 그러면 다시 내 몸의 일부가 된다.

기관과
조직

기계는 몸의 연장이라고 말했는데, 몸의 내부는 어떻게 나뉘어 있을까?

앞에서 몸은 체성계와 장성계로 구분한다고 말했다. 체성계에는 뼈나 근육, 피부가 속해 있고, 장성계에는 내장이 있다. 물론 이런 방법은 너무 대충 구분한 것이다. 그렇다고 우리 몸이 세포로 이루어져 있으니 세포로 구분하기도 어렵다. 물론 틀린 것은 아니지만, 눈에 보이지 않는 세포를 다루기란 너무 세세한 작업이다.

그래서 해부학에서는 그 중간 단계로 기관이나 조직이라는 단위를 생각하는 것이 일반적이다. 기관은 어떤 정해진 형태와 역할을 가지는 것으로, 앞에서 설명한 오장육부가 좋은 예다. 심장, 신장, 폐 등을 각각 기관이라고 해도 좋다. 그런 기관을 역할별로 정리하면 순환기

해부학 교실에 오신 걸 환영합니다

관, 소화기관, 호흡기관, 비뇨기관, 생식기관 등 '기관계'로 정리된다. 병원에서 진료 과목을 분류할 때 이런 분류법이 사용된다는 것을 알아차렸을지도 모르겠다. 예를 들면 소화기관에는 입에서 시작하여 식도, 위, 장, 간, 췌장 등이 포함되고, 호흡기관에는 코에서 시작해서 후두, 기관, 기관지, 폐 등이 포함된다.

기관은 원래 부품 몇몇이 모여서 한 덩어리가 된 것을 가리킨다. 예를 들면 고대 그리스 철학자 아리스토텔레스가 살던 시대에는 손을 기관이라고 생각했다. 기관은 하나하나 떼놓으면 기관이라고 할 수 없다. 손을 손가락이나 손바닥으로 하나하나 분해하면 손과는 다른 것이 되고 만다. 기관이 덩어리를 유지한다는 것은 구체적으로는 그런 것을 의미했던 것이다.

그에 비해 조직은 어디까지나 균질적인 것으로 여겨졌다. 간단히 말하면 몸을 만들고 있는 재질이다. 두툼한 이불이든 얇은 시트든 넥타이든 옷이든, 그 모든 것이 전부 실로 만들어졌다는 데에는 다름이 없다. 이때 실 또는 천에 해당하는 것이 조직이다. 기관과는 달리 조직은 균질에 가까운 것이다. 어디에서 가져와도 비슷하게 만들어져 있다. 실이나 천은 어디서 보더라도, 미미한 차이를 제외하면 그냥 실이고 천이다. 하나하나 분해하면 완전히 다른 것이 되는 기관과는 다르다.

조직은 결합조직, 상피조직, 골조직 등으로 구별된다. 결합조직이란 몸의 '충전재' 같은 것으로, 여기저기 빈틈을 채우고 있다. 상피조직은 표면을 덮는 성질이 있어서 피부 표면을 이루는 표피나 소화관의 표면같이 우리 몸이 외부의 사물에 닿는 부분을 덮고 있다.

순서로 말하면, 기관은 큰 단위이고, 조직은 그보다 작아서 몇 개의 조직이 모여서 기관을 만든다. 조직을 만드는 것은 세포와 그 세포가 만들어낸 섬유나 분비물이다.

이렇게 해서 우리 몸은 보기에 따라서는 기관, 조직, 세포, 세포 내 소기관, 분자 등으로 점점 작아진다. 단위가 다른 것으로 만들어졌다고 볼 수 있다. 이렇게 계단처럼 만들어진 방식을 '계층성'이라고 한다.

세계가 계층으로 이루어져 있다고 보는 관점은 서양인의 장점으로 여겨지는 방식이다. 왜 그런지는 앞에서 설명했듯이 알파벳 때문이다. 하지만 이해하기는 좀 어려울지 모르겠다.

서양에서는 생물도 계단 위에 나열했다. 가장 위에 있는 단에는 물론 인간이 있다. 그런데 사실 그 위에도 단이 있어 천사가 있고 신이 있다. 신보다 더 높은 것은 없다. 인간 아래에는 원숭이가 있고, 개가 있고, 그렇게 점점 '열등한' 생물이 나열된다. 이 계단을 '자연의 단계 (scala naturae)'라고 부른다. 물론 지금은 이런 사고방식을 부정한다. 그러나 서양에서는 인간조차 이런 계단 위에 올려놓은 시대가 있었다. 흑인이 아래에 있고 가장 위에는 백인이 있다. 우리는 그 중간쯤에 있다. 이런 '자연의 단계' 사고방식은 지금도 많은 사람의 마음속에 있을지 모른다.

분자에서 세포, 세포에서 조직, 조직에서 기관, 기관에서 몸이 이루어진다는 '몸의 계단'이라는 생각은 '자연의 단계'와 달리 지금도 매우 강하게 남아 있다. 나는 이렇게 '단계'라는 방식으로 생각하는 것

해부학 교실에 오신 걸 환영합니다

동물의 계단이다. 위로 올라갈수록 고등하다
고 생각했다.

을 좋아하지 않지만, 편리한 사고방식이라는 것은 인정한다. 게다가 많은 사람이 그렇게 생각하기 때문에 알아둘 필요는 있다. 하지만 나는 항상 좀 더 다른 방식도 있지 않을까 하고 생각한다.

해부학 교실에 오신 걸 환영합니다

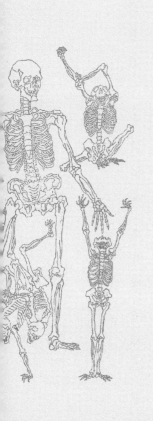

마지막 장

마음과
몸

지금까지 몸에 대해 이야기했다. 하지만 인간에게는 마음이 있다. 몸은 그렇다 치고 마음은 어떻게 되는 걸까? 마음과 몸의 관계는 어떤 것일까?

이것은 오래전부터 토론해온 어려운 문제 중 하나다. 철학에서는 이 문제를 심신론이라고 한다.

어쨌든 사람은 몸과 마음으로 이루어졌다. 세계 어디를 가도 그렇게 생각하는 것이 비교적 일반적인 사고방식이다.

어째서 그런 생각이 일반적일까?

죽으면, 몸은 남지만 마음은 행방불명이 된다. 지금까지 말하고 기뻐하고 슬퍼하고 움직였던 사람이 완전히 아무것도 하지 않게 된다. 그러나 몸은 살아 있을 때 그대로의 모습으로 남아 있지 않은가.

그러니까 이런 방정식이 된다.

살아 있던 사람 − 몸 = 마음

이것을 바꾸어 쓰면 이런 식이 된다.

살아 있던 사람 = 마음 + 몸

이 식은 이해하기 쉽다. 그래서 예전부터 인기가 있었다.

마음이라는 것이 독립되어 있고, 몸이라는 것이 그것과는 또 다르게 독립되어 있어 그 둘이 하나가 되면 살아 있는 사람이 된다. 이것을 심신 이원론이라고 한다. 마음과 몸, 그 둘이 있기 때문에 '이원'인 것이다. 위의 방정식은 이원론을 나타내는 식이다.

이와 달리 몸도 마음도 사람이 가지는 서로 다른 면일 뿐, 사실은 몸과 마음이 하나라는 생각도 있다. 언뜻 듣기에는 어려운 것 같지만 그렇지 않다. 사람을 마음이라고 생각하면 마음으로 보인다. 하지만 몸이라고 생각하고 보면 몸으로 보인다는 사고방식이다. 이렇게도 보이고 저렇게도 보이는 그림을 본 적이 있을 것이다. 그것과 비슷한 이야기라고 생각하면 된다.

사실 심신 이원론은 서양의 전통적인 사고방식이다. 기독교에서는 이원론의 사고방식을 취할 때가 많다. 마음은 몸의 관점에서 보면 설명할 수 없는 성질을 가지고 있다고 생각하기 때문이다.

일본에서는 오래전부터 심신 일원론이 주된 생각이었다. 마음과 몸은 하나이고, 둘은 떼 놓을 수 없다. 게다가 같은 일원론이라도 마음을 몸보다 더 중요하게 여겼다.

옛날의 무사는 종종 배를 갈랐다. 이것은 '몸은 마음이 하는 말을

해부학 교실에 오신 걸 환영합니다

들어라'라는 의미로 여겨진다. 그렇다면 몸보다 마음이 중요한 것일 테다. 무슨 일이든지 '마음가짐'이라고 말하지 않는가. 모든 것은 마음이다. 그런 사고방식을 심신 일원론이라고 한다.

예를 들어, 나 자신은 무엇일까, 그런 생각을 해본 적이 있는가?

당연히 나 자신이야 알고 있다. 나만의 생각, 나만의 추억, 나만의 감정. 그것이 바로 나 자신이 아닌가? 그래서 일본에서는 마음이 중요하다고 말했다. 생각, 추억, 감정, 그런 것들은 모두가 마음의 일부다. 그렇다면 지금 생각하고 있는 자신이란 마음이라는 말이 된다.

그렇다면 자신의 몸은 어떨까? 내 몸은 진정한 나 자신의 것이고, 다른 사람과 공유할 수 없다. 그러면 몸도 나 자신이 아닌가? 아니, 오히려 몸이야말로 나 자신이 아닌가.

마음이란 것은 친구와 서로 이야기하면 알아줄 수 있지 않은가. 당장은 알아주지 않을지 모르지만, 언젠가는 알아줄지도 모른다. 또 친구가 알아주지 않는다 해도 다른 누가 알아줄지 모른다.

하지만 자신의 몸이 어느 날 친구의 몸과 같아질 수 있을까? 절대 그럴 일은 없다. 그렇다면 자신이란 오히려 몸을 말하는 게 아닐까?

말이나 감정, 그것은 인간끼리 서로 알 수 있는 것이다. 하지만 서로의 몸, 이것은 결코 겹칠 수 없다.

좀 어려운 이야기인가? 이렇게 생각하면 몸과 마음의 관계는 분명 어렵다. 일본에서는 보통 자신이란 마음을 말하는 것으로 생각한다. 그리고 몸은 특별한 경우가 아닌 한, 자신이라고 인식하지 않는다. 다만 왠지 모르게 그저 자신의 '일부'로 생각하는 정도일 것이다.

인간이 마음, 즉 작용만 남게 되면 유령이 생
겨난다. 작용은 그림으로 그릴 수 없기 때문
에 유령의 그림에는 발이 없다. 발을 붙여 넣
으면 유령의 그림이 아니라, 평범한 '인간의
그림'이 된다. (도판: 미즈키 시게루의 『저 세
상의 사전』에서)

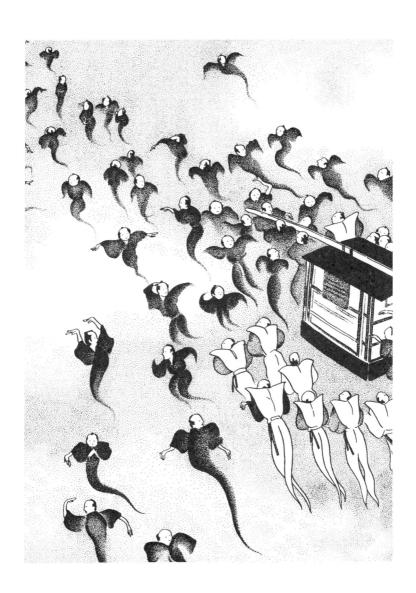

생물학에서 말하는 마음은 무엇일까? 그것은 뇌의 작용이다.

뇌의 작용이라고 하니까 계산 문제 같은 것을 떠올릴지도 모르겠다. 하지만 그런 것은 뇌의 작용 가운데 극히 일부분에 지나지 않는다. 사실 인간이 움직이는 것, 생각하는 것, 그 대부분이 뇌의 작용이다. 그래서 뇌가 완전히 망가진 뇌사라는 상태가 되면 심장이 움직이더라도 며칠 안에 죽는다. 뇌사 상태의 인간은 전혀 운동할 수 없고, 의식도 없고, 물론 말도 할 수 없다. 어떠한 감정도 없다.

이런 극단적인 예가 아니더라도, 뇌의 일부가 망가지면 여러 가지 장애가 발생한다. 남이 하는 말은 어느 정도 이해하는데, 자기 스스로 말할 수 없는 경우가 있다. 이것은 운동성 실어증이라고 하는데, 대뇌의 전두엽 일부가 망가져서 생기는 증상이다.

생각하는 것, 말하는 것, 몸을 움직이는 것, 화내는 것, 느끼는 것, 보는 것, 듣는 것, 하여튼 '인간이 하는' 대부분의 활동은 뇌의 작용이다. 그런 뇌의 작용을 우리는 '마음'이라고 부른다.

마음과 몸, 이렇게 구별하는 것도 뇌의 작용이다. 그러니까 뇌가 그것을 구별했다고 말해도 좋다. 그렇게 생각하면 일원론이 되는 것이다.

더 이상 깊이 들어가면 너무 어려워지니까 이쯤에서 멈춰야 할 것 같다. 어쨌든 인간은 마음과 몸을 가지고 있다. 몸이라는 면에서 생각하면 그 '마음'은 뇌의 작용이다. 그렇게 생각하면 인간을 완전히 몸이라는 관점에서 볼 수 있다. 혹은 많은 사람이 생각하듯이 자신은 마음이라고 생각하며 마음이라는 면에서 볼 수도 있다. 어느 쪽에서 보든 완전히 인간을 볼 수 있기 때문에, 인간은 몸과 마음이라는 두 가

해부학 교실에 오신 걸 환영합니다

지 면을 가진다고 생각해도 좋다.

몸을 아는 것은 넓은 의미에서 사람을 안다는 것이다. 앞에서 말했 듯이, 일본에서는 사람을 아는 것을 사람의 마음을 아는 것으로 생각 했다. 사람의 마음을 아는 것은 분명 좋은 것이지만, 사람은 마음만으 로는 만들어질 수 없다. 마음은 몸이 있어서 비로소 성립한다. 그런 이유로 몸을 안다는 것은 사실 사람을 알기 위한 기초다.

앞으로 여러분이 우리의 몸을 좀 더 알고 싶은 생각이 든다면 무척 기쁘겠다. 옛날에는 사람을 소우주라고 했다. 대우주는 보통의 우주 를 말한다. 그 대우주와 비교할 때 사람이라는 소우주는 절대 작지 않 다. 아직 얼마든지 탐구할 것이 남아 있다. 지금까지 쓴 이야기는 몸 에 대한 이야기의 극히 일부분에 지나지 않는다.

해부는 잔혹하다. 지금도 그렇게 말하는 사람이 있다. 그렇게 말하는 사람도 포장도로를 잔혹하다고 말하지는 않는다. 그런데 땅 위에 콘크리트를 깔면 얼마나 많은 생물이 살 곳을 잃고 죽을까.

무슨 말인가 하면, 알지 못할 뿐이라는 것이다. 해부처럼 조금만 특이하거나 이상해 보이는 것을 보면 이러쿵저러쿵 말들이 많다. 그런 사회에서는 되도록 눈에 띄지 않는 편이 좋다. 숨어 있으면 아무 일도 없다. 하지만 그런다면 중요한 많은 것이 감추어져버린다.

이 책이 우리 몸을 알고자 하는 사람에게 도움이 되고, 나아가 인간이 무엇인지, 학문이 무엇인지 생각하는 계기가 될 수 있으면 좋겠다.

책으로 나오기까지 지쿠마쇼보의 이소 지나미 씨가 애를 써주었다. 대학교 안 내 연구실로 자주 원고를 부탁하러 왔는데, 그녀에게 아직 실제로 해부를 해보게 하지는 않았다. 이제 슬슬 해보게 해도 되지 않을까 하는 생각도 든다.

1993년 5월
요로 다케시

문고판
맺음말

이 책은 감회가 깊다. 10년도 전에 쓴 것으로, 내가 아직 해부 일을 하고 있던 때였다. 출판사인 지쿠마쇼보 안에 틀어박혀서 썼는지 아닌지는 기억나지 않지만, 어쨌든 참 열심히 쓴 책이다. 독자를 중학생이나 고등학생이라고 생각하고 써달라는 말에 그런 마음으로 쓰려고 했지만, 역시 무리였다.

최근에 고등학생들을 상대로 이야기하는 일이 많아서 잘 안다. 내가 무슨 이야기를 해도 거의 통하지 않는다. 물론 알아듣는 아이도 있지만, 대개는 무슨 말을 하는지 감을 못 잡는 것 같다. 그게 당연할 수밖에 없는 것이, 대체로 정규 교육에서는 내가 말하는 것과 반대되는 내용을 가르친다.

그래서 결국 성인들을 대상으로 쓰기로 했다. 그래도 괜찮겠다는 생각이 든다. 나는 아이들이 읽기에는 어려운 책만 읽어왔다. 하지만 지금 와서 생각해보니 그렇지만도 않다. 어른들은 어설프게 알 듯한 책, 아이들은 어설프게도 알지 못하는 책일 뿐이다. 성인들을 대상으로 한 책인데도 잘 모르겠다고 말하는 독자들이 더러 있다.

사람마다 각자 뇌의 능력이 다를 테니까, 서로 통하지 않는 것이 당연하다. 그것을 어찌어찌해서 통하게 만드는 것이 문화인데, 지금의 일본이 문화를 존중하는가 하면 그렇지도 않다. 문화가 아니고 숫자를 존중한다. 하루에 담배를 몇 대 피웁니까? 일 년 내내 이런 질문을 받는다. 질문을 몇 번 받았는지도 세어보았더라면 좋았을 테지만, 나는 담배를 몇 대 피우는지, 그런 질문을 몇 번 받았는지, 그 어느 쪽도 세지 않는다.

나 같은 사람은 시대에 뒤처진다. 해부를 하던 시절, 그런 일은 요즘 시대에는 완전히 뒤처지는 일이라고 생각했기 때문에 오히려 뒤처진다는 것 따위는 아무렇지도 않게 여겼다. 지금도 마찬가지다. 시대가 제멋대로 움직일 뿐, 해부에는 변함이 없다. 그래서 이 책의 내용을 지금 다시 쓴다고 해도 그다지 바뀔 것은 없을 것이다. 하지만 더는 쓸 수가 없다. 왜냐하면 이제는 해부를 그만두었기 때문이다. 곤충 해부는 하고 있지만, 그것은 또 다른 세계다. 다음에 글을 쓴다면 곤충 해부에 관해서 쓸 것이다. 이 일이 너무 재미있고 또 멈출 수가 없다. 사실 해부는 재미있는 것이 아닐까? 그렇기 때문에 사회는 그것을 종종 금지하는 것이 아닐까?

2005년 10월

요로 다케시

제행무상의 해부학

미나미 지키사이

1

얼마나 자주 죽음을 마주하는가를 생각할 때, 의사와 승려는 서로 쌍벽을 이룰 만큼 비슷할 것이라고 생각하는 사람이 있을지도 모르지만, 그것은 오해다. 의사든 승려든, 물론 누구도 죽음 그 자체를 경험할 수는 없다. 죽음은 경험이 가능한 현상이 아니라 관념이다. 관념은 말하자면 생각이기 때문에 사람이 생각할 수 있을 때만, 즉 살아 있는 동안에만 죽음이 존재한다는 말이 된다.

실제로 사람은 죽음이 아니라 죽은 사람을 본다. 그렇다고 해도 완전히 벌거벗겨진, 말 그대로의 사체를 눈앞에서 볼 기회가 있는 사람은 많지 않을 것이다.

현대의 승려는 사체를 보지 않는다. 눈으로 보는 것은 장례식을 치르기 위해 이미 깨끗한 상태로 옷을 입혀놓은 '시신'이다. 그렇다면 이 시신은 '사자(死者)'일까?

사실을 말하면, 나는 내 눈앞에 있는 시신이 사자로는 보이지 않는다. 물론 살아 있다고 생각하지는 않는다. 하지만 살아 있는 사람의 역할을 부여받은 무언가로 보인다.

죽음이란 것이 절대 경험할 수 없는 것인 이상, 인간은 그것을 헤어짐에라도 비기어 이해할 수밖에 다른 방법이 없다. 그것이 바로 장례를 치르는 까닭이다.

헤어지는 것도 살아 있는 사람만이 할 수 있기에, 그것에 비유한다고 하면 장례식의 시신은 '살아 있는 사람'의 역할을 맡지 않을 수 없다. "왜 날 두고 갔어!" 하고 눈물을 흘리며 아이의 몸을 붙들고 있는 어머니, 그녀에게 그 아이는 정말로 '죽은' 것일까?

내 눈에 사자가 생생한 모습으로 비칠 때는 장례식이 치러지는 동안이 아니라 오히려 사체도 시신도 다 사라져버렸을 때다.

제를 올리는 곳에서, 아마도 참례자 모두가 하품을 참고 있는 동안, 죽어 이별한 아버지와의 어린 시절 추억을 떠올리며 허공을 바라본 채 하염없이 이야기하는 초로의 상주, 그곳에 사자가 있다.

규슈, 시코쿠에서 산더미 같은 공물을 한가득 채운 배낭을 짊어지고 허리를 구부린 채 저 멀리 시모기타 반도의 오소레야마 산 위에까지 찾아오는 노파의 얼굴, 그곳의 무녀에게 신을 내려 받기 위해 세 시간이고 네 시간이고 기다리는 사람들의 행렬, 그곳에 사자가 있다.

죽음은 관념으로, 사자는 생각으로 살아 있는 것들의 가운데에 있

해부학 교실에 오신 걸 환영합니다

다. 그런데 사람은 죽음과 삶을 분리해서 다른 것으로 생각한다. 그래서 이런저런 착각을 한다. 그리고 이 착각에서 벗어나는 것이 우리의 수행이다. 그것이 불교에서 내가 배운 것이다.

2

요로 다케시 선생(이제는 요로 다케시라고 하면 모든 일본인에게 '선생'이나 다름없는 분이라고 생각하기 때문에 나도 그렇게 부르겠다)은 사체 그 자체를 볼 뿐 아니라, 그것을 자르고 분해하는 일을 직업으로 가졌던 사람이다. 그 사람이 사체는 '물건'이 아니라 '죽은 사람'이라고 말한다. 사체를 보지 않고, 시신에서 사자를 느끼지 못하는 내게는 잘 이해가 가지 않는 말이다.

그런데 선생은 또 이렇게 말한다. 죽은 인간이 물건이라면, 살아 있는 인간도 물건이 아닌가. 그제야 비로소 나도 이해할 수 있었다. 어쩌면 불교에서 말하는 것과 같은 것을 선생은 다른 각도에서 말하고 있는 게 아닐까?

이런 것을 당연하다는 듯이 단호히 잘라 말할 수 있는 것은 꾸밈없이 있는 그대로 드러낸 '사체'를 바라보는 선생의 시선이 오로지 사물로서의 몸만이 '인간'일 수 있다는 사실을 깊숙이 비추고 있기 때문일 것이다. 요로 선생에게 사체는 '인간에 대해 이러쿵저러쿵 말하기 전에, 인간이라는 것의 사실을 보아야 한다'고 호소하고 있는지도 모른다.

그러나 '사실'을 보는 것은 간단하지 않다. 사람은 '사실을 말한다'라고 하면서 '생각'을 말하기 때문이다.

선생은 말한다. 인간은 말로 세계를 분해한다. 그렇게 해서 인간은 세계를 이해한다. 마찬가지로 해부학자는 인간을 자르고, 인간을 이해한다. 왜일까? 그것이 인간을 이해한다는 것이고, 인간은 어떻게 해서든 이해하고 싶어 하기 때문이라고 한다.

과연 그렇다. 그리고 인간은 이해한 '사실'만을 말한다. 이해하지 못한 것은 말할 수 없다. 당연한 말이다. 그 '이해한 것'을 '사실 그 자체'라고 착각하는 태도를 불교에서는 '망상분별(妄想分別)'이라 하고, '무명(無明)'이라고 한다.

선생은 그것을 잘 알고 있다. 그래서 스스로 '사실'을 보는 해부학이라는 방법을 여러 각도에서 구체적으로 알기 쉽게 알려준다. 인체의 '단위'를 말하고 알파벳까지 언급하는 것은 선생이 가진, 방법에 대한 의식이 무서우리만큼 철저하다는 것을 말해준다.

이렇게 해서 선생은 자신이 사실 그 자체를 볼 수는 없다 해도 어떻게 사실을 보고 있는지를 가능한 한 명확하게 서술함으로써 앞으로 일어날 사실이 존재하는 곳을 나타내려고 한다.

선생은 그 사실을 "자연"이라고 말하고, 그것은 "잘리지 않았다"라고 한다. 이 간단한 문장이 무섭다. 불교가 '여실지견(如實知見, 있는 그대로를 보는 것)'이라고 하며 보려고 한 것이 이것이다.

예를 들면 선(禪)은 언어에 구속된 것, 아니 그보다는 언어 그 자체라고도 할 수 있는 의식을 좌선이라는 신체 행위를 통해서 조작하고, 변모시킨다. 그렇게 하여 말로 분해되고 이해된 '세계'를 해체하려고 한다. 다시 말해, 우리는 좌선하는 몸을 통해 '자연'을 보려고 한다.

해부학 교실에 오신 걸 환영합니다

선생이 불교와 잘 어울리는 것처럼 여겨지는 것은 아마도 좌선이든 해부든 몸을 통해 '여실지견'에 다다르려고 하는 방법 때문일 것이다.

'여실(있는 그대로)'을 말하려고 할 때면, 선생이든 선이든 자신의 방법에 대해 의식적으로 되지 않을 수 없다. 선이 '불립문자(不立文字)(언어나 문자의 형식에 집착하지 않고 마음에서 마음으로 법을 전하고 깨닫는다는 말—옮긴이)'와 같은 말을 강조하면서도 그토록 많은 승려의 어록이 지금까지 전해지는 것은 바로 그 때문이다. '잘려져 있지 않은 것'을 '자르려고' 할 때의 무리한 힘이 그렇게 만든다. 그래서 선생도 "하지만 나는 좀 더 다른 생각도 있지 않을까 하고 생각한다"라고 말하는 것이다. 어쨌든 더는 잘리지 않는 것을 계속 자름으로써 '잘려져 있지 않은 것'을 나타낼 수밖에 없는 것이다.

3

나는 이 책을 눈 깜짝할 사이에, 두 시간도 안 걸려 다 읽었다. 그만큼 재미있었다고도 하겠지만, 사고방식에 친밀감이 있었던 것도 큰 이유다. 그리고 그 사고방식이 선명한 방법으로 명석하게 기술되어 있는 것에 감탄했다. 또한 해부의 실제, 세포의 구조에 대해 잘 알지 못하는 내게 선생의 해설은 즐거운 공부가 되었다. 그렇지만 결국 처음부터 끝까지 일관되게 이 책에 내가 끌렸던 것은 사체를 통해 사물을 바라보는 선생의 시선에 담긴 일종의 '질(質)'이다.

이탈리아 르네상스 시대 초기에 안드레아 만테냐라는 화가가 그린 〈죽은 예수(Cristo Morto)〉라는 작품이 있다. 아마 누구라도 한 번 보면 잊기 힘든 그림일 것이다.

거기에는 십자가에서 내려놓은 예수의 유해가, 그전 시대의 그림이라면 생각할 수 없는 놀랄 만한 구도로 그려져 있다.

침대로 보이는 곳 위에 눕힌 나체의 예수가 아래쪽에 큰 발바닥을 보이며 극적으로 단축된 원근법에 따라 정말로 죽은 사람인 것처럼 그려져 있다.

이런 그림을 신과 교회가 지배한 중세 시대에 인간을 해방시킨 르네상스를 상징하는 작품이라고 해설하는 사람도 있을 것이다. 하지만 화가는 예수도 결국은 인간이었다고 말하고 싶어서 이 그림을 그린 것일까?

나는 아니라고 생각한다. 화가는 예수라는 인간이 몸으로써 '신의 자식'일 뿐이었다는 것을 그리려고 한 것이다. 그 견디기 힘든 고난과 바꾼 영광이 바로 양쪽 두 손발에 새겨진 못 자국까지 선명히 남은 사체이다. 이 사체 없이, 예수가 그리스도라는 것에 의미는 없다.

나는 선생에게 이 화가와 같은 시선을 느낀다. 다만 선생이 사체를 통해서 보는 것은 '신의 영광'이 아니다. '인간임의 사실'이다.

선생은 이 책 마지막에서 언제나처럼 간결하고 명료하게 말한다. "마음은 몸이 있어서 비로소 성립된다." 이 '사실'을 불교는 '제행무상(諸行無常)'이라고 한다. 아전인수(我田引水)가 너무 지나친 것일까.

(미나미 지키사이 승려)

해부학 교실에 오신 걸 환영합니다

옮긴이의 말

입문서와 전문서의 차이에 대해 우치다 다쓰루는 이런 말을 했다. 입문서는 우리가 모르는 것을 전제로 출발하는 반면, 전문서는 우리가 아는 것을 전제로 출발한다는 것이다. 또 좋은 입문서는 답을 알 수 없는 물음에 독자들이 끊임없이 의문을 품고 생각하게 한다고 했다. 그에 따르면 변변찮은 입문서란 초보자라면 누구나 알고 있는 내용에서 시작해 전문가라면 누구나 말하는 내용을 다시 쓰기만 한 글일 뿐이다.

요즘은 생소하고 잘 모르는 분야나 학문이라 하더라도 조금만 검색하고 관련 서적을 읽으면 어느 정도의 지식이나 정보는 누구나 얻을 수 있다. 변변찮은 입문서라는 건 그런 지식과 정보를 그저 보기 좋게 나열한 정도의 글이란 말일 테다.

『해부학 교실에 오신 걸 환영합니다』는 일반 독자들에게 그다지 잘 알려지지 않은 학문이라고 할 수 있는 해부학을 소개하는 입문서라고 할 수 있다. 저자인 요로 다케시는 해부학자이자 뇌과학자로, 미나미 지키사이가 해설에서 말한 것처럼 지금은 많은 일본인들에게 선생으로 불리며 존경받는 학자다. 학문 연구뿐만 아니라 다양한 분야에서 여러 베스트셀러 저작을 낸 인기 작가이기도 하지만, 그렇다고 그의 여러 책들이 독자들이 알기 쉽게 이해할 수 있도록 친절하게 쓰여 있다고는 하기 어렵다. 그런 점에서 보면 이 책은 저자의 다른 저작들보다는 꽤 쉽고 재미있게 쓰였다고 할 수 있다.

이 책은 청소년에게 해부학을 알기 쉽게 소개할 목적으로 쓰였지만, 성인 독자들에게도 충분히 재미있고 유익한 내용이 많이 담겨 있다. 그 이유는 처음에 말한 좋은 입문서의 조건을 만족시키고 있어서가 아닐까 한다. 해부학이란 것에 대해 '우리가 모른다는 사실'에서 출발하여 전문가가 말하지 않는 것들을 이야기하며, 설령 답이 나오지 않는 문제라 하더라도 근본적인 물음에 끊임없이 독자들이 스스로 생각하도록 일깨운다.

첫 장에서 저자가 사람들이 자기에게 자주 묻는 질문이라며 소개하는 장면이 나온다.

"왜 굳이 해부 같은 잔인한 일을 하려고 하셨어요?"

"살아 있는 환자를 진료하는 일이 세상을 위해 더 도움이 된다고 생각하지 않으세요?"

아무래도 많은 사람들이 해부학이나 해부학자를 보면서 드는 생각이란 이런 건가 보다.

　나 역시 이 책을 처음 접했을 때 해부학은 물론 사람의 몸이나 해부에 관해 아는 게 거의 없었다. 젊을 때는 대체로 자신의 몸에 대해 관심이 없다. 특별히 관심을 가지지 않아도 내가 원하는 움직이고 따라준다. 관심이 생긴다면 그저 남의 눈에 비친 자신의 겉모습이 마음에 안 들어 신경 쓰일 때 정도일 뿐, 남의 눈에도 내 눈에도 안 보이는 곳에 딱히 관심도 없을뿐더러 알려고 하지도 않는다. 몸보다는 마음, 그러니까 정신이나 감정을 더 중요하게 여기곤 했다.

　뭔가를 알지 못한다는 것은 알 수 없기 때문이 아니라 사실은 알고 싶지 않아서, 거기서 눈을 돌리고 싶어서가 아닐까. 몸이 내 말을 듣지 않을 때가 있다는 걸 알게 되면서, 감정이란 것이 애초에 몸에서 비롯된다는 것을 깨닫게 되면서, 꽤 늦은 감은 있지만 조금씩 몸에 관해 관심이 생겨난 것 같다.

　이 책은 우리 몸에 관한 이야기를 하지만 그저 일반적인 의학 지식만을 나열한 책은 아니다. 인간의 몸을 비롯하여 자연에 대해 근본적인 물음을 던져주며 스스로 생각하게 한다. 인간은 왜 오랫동안 금기되어온 인체 해부를 하려고 했을까, 해부의 목적은 무엇일까, 왜 인간은 인체를 해부하는 것을 꺼림칙하다고 여겼을까. 이런 근본적인 물음에서 시작해 해부의 역사와 인체의 구조를 설명한다. 설명할 때는 세상과 사물을 바라보는 저자의 독특한 관점과 사고방식이 잘 드러난다. 한자와 알파벳에서 드러나는 동서양의 차이, 거기서 비롯되는 말과 해부의 관계, 사물에 이름을 붙인다는 것과 경계를 짓는다는 것, 몸과 마음의 관계에 대해서 말한다. 거기서 나아가 안다는 것은 무엇인가, 삶과 죽음, 인간의 존재는 무엇인가 같은 철학적인 물음에까지 이어진다. 특히 알파벳을 쓰는 인간과 한자를 쓰는 인간, 이런 글자에 따라서 인간은 자연과 세상을 바라보는 세계관이 달라진다는 말은 언어를 공부한 내게는 무척 신선하고도 흥미로운 지적이다. 인간의 몸을 바라보는 관점도 그에 따라 꽤 다를 것 같다는 생각도 든다.

그 밖에 인간의 몸이나 해부와 관련한 흥미로운 이야기들도 많이 등장한다. 의대생들이 실제로 해부하는 과정, 해부용 사체에 관한 역사, 중국의 오장육부에는 없는 췌장이란 장기를 처음 발견한 이야기 등 잘 알려지지 않은 재미있는 잡학 상식도 들려준다.

세상에는 이치로 설명할 수 없는 일들이 너무나 많다. 소우주로 표현될 만큼 신비로운 인간의 몸 역시 영원히 풀리지 않는 수수께끼로 남을지도 모른다. 그럼에도 불구하고 인간은 알려고 하고 알고 싶어 한다. 알려고 하는 목적이 뭔가에 구체적인 도움이 되지 않는다고 해도 상관없다. 저자의 말대로 모든 것을 '무엇에 도움이 되는가'라는 질문에 답할 수 있는 설명만으로는 인간은 만족할 수 없는 것이다. 학문은 이렇게 우리가 순수하게 '알고 싶어 하는' 마음에서 비롯된다.

좋은 입문서의 조건은 우리가 모르는 것을 말하면서 끊임없이 스스로 생각하도록 물음을 던져주는 것이라 했다. 거기에 덧붙여 더 깊이 있는 공부를 위한 발판이 될 수 있다면 더 좋을 것이다. 독자 여러

해부학 교실에 오신 걸 환영합니다

분이 이 책을 읽고 지금까지 모르고 관심이 없던 것에 눈을 뜨고 흥미를 가지고, 나아가 더 깊이 있는 공부를 위한 계기가 될 수 있다면 기쁘겠다.

2018년 11월

박성민

해부학 교실에 오신 걸 환영합니다

1판 1쇄 찍음 2018년 11월 28일
1판 1쇄 펴냄 2018년 12월 12일

지은이 요로 다케시
옮긴이 박성민

주간 김현숙 | **편집** 변효현, 김주희
디자인 이현정, 전미혜
영업 백국현, 정강석 | **관리** 김옥연

펴낸곳 궁리출판 | **펴낸이** 이갑수

등록 1999년 3월 29일 제300-2004-162호
주소 10881 경기도 파주시 회동길 325-12
전화 031-955-9818 | **팩스** 031-955-9848
홈페이지 www.kungree.com | **전자우편** kungree@kungree.com
페이스북 /kungreepress | **트위터** @kungreepress

ⓒ 궁리출판, 2018.

ISBN 978-89-5820-560-9   03400

값 15,000원